Edizioni PensareDiverso
Collana Cenacolo Jung Pauli.

AF746285

Carl Jung e Wolfgang Pauli.

Bruno Del Medico

Carl Jung e Wolfgang Pauli.

O entrelaçamento da alma.

Como a mente e o átomo se encontram na teoria da sincronicidade. O inconsciente coletivo e os mistérios da física quântica.

Bruno Del Medico Editore
edizioni@delmedico.it

www.giardinoquantico.it

Sumário.

Introdução.

A história da cultura europeia do século XX oferece poucos encontros tão fascinantes e improváveis quanto o entre Carl Gustav Jung, psiquiatra suíço e fundador da psicologia analítica, e Wolfgang Pauli, físico teórico austríaco, um dos pais da mecânica quântica. A sua colaboração, iniciada em 1932 e que durou mais de vinte anos, representa uma das explorações mais ousadas dos territórios fronteiriços entre a psicologia e a física.

Esta colaboração singular teve lugar numa época particularmente dramática. A colaboração nasceu nos anos 30, enquanto a Europa atravessava uma crise profunda: a Grande Guerra acabara de deixar um pesado legado de inquietação. O evento seguinte, a Segunda Guerra Mundial, já era anunciado por perturbações políticas e culturais. No entanto, o clima intelectual era um dos mais férteis da história europeia: novas ideias revolucionavam a física, a filosofia e a psicologia. Jung liderava um grupo de estudiosos e terapeutas em Zurique. Ele buscava uma psicologia profunda capaz de explicar os grandes mitos, as religiões e os símbolos da humanidade. Pauli também está em Zurique, no Instituto de Física, depois de ter contribuído em 1925 para o princípio de exclusão que leva o seu nome. Este princípio revoluciona a física atómica.

Jung é fascinado pela ciência, mas percebe os seus limites, sobretudo na redução da realidade ao que é quantificável. Pauli, homem de ciência rigorosa, mas de espírito inquieto, sofre uma profunda crise pessoal após a morte da mãe e o fracasso do casamento. Em 1932, recorre a Jung para aconselhamento psicoterapêutico. Este encontro dá início a um diálogo surpreendente, metade terapêutico, metade filosófico, e . Deste diálogo restam mais de oitocentas cartas, publicadas anos mais tarde e hoje lidas como um acontecimento histórico único.

Jung reconhece em Pauli um interlocutor excecional. Pauli é amigo e colega de Einstein, Bohr e Heisenberg, e em 1945 receberá o Prémio Nobel; no entanto, a sua lucidez científica não exclui uma sensibilidade para temas como o inconsciente, a simbologia e os sonhos. De facto, Pauli estimula Jung com os seus sonhos: visões povoadas por símbolos arquetípicos, mandalas, figuras alquímicas. Pauli sonha com um «mundo das sombras» povoado por animais misteriosos, rodas e cruzes — imagens que Jung interpreta como sinais da busca de um equilíbrio entre opostos, entre a racionalidade científica e o instinto espiritual.

É nesta base que nasce a teoria da sincronicidade, um conceito que Jung desenvolve na década de 1940 e que define pela primeira vez de forma completa em 1952, no famoso ensaio escrito em colaboração com Pauli: «A sincronicidade como princípio de conexões acausais». A sincronicidade descreve a «coincidência significativa» entre eventos psíquicos e fenómenos físicos, eventos ligados não por causas materiais, mas por significados partilhados. É uma teoria que ousa questionar o dogma da causalidade clássica, o pilar que sustentava a ciência moderna desde Newton.

Em 1948, no famoso «Clube Psicológico» de Jung em Küsnacht, Pauli expôs as suas ideias perante uma plateia absorta: «Existe um nível, talvez, em que a matéria e a mente são duas faces da mesma realidade». É uma ideia que antecipa muitos debates atuais sobre neurociência, as origens da consciência e os limites do conhecimento científico.

A colaboração entre Jung e Pauli deixou um legado profundo. Inspirou estudiosos como Marie-Louise von Franz, psicóloga analítica e colaboradora de Jung, e físicos como David Bohm. O inconsciente coletivo, teorizado por Jung, e os mistérios do entrelaçamento quântico continuam a sugerir que as fronteiras entre mente e matéria são menos nítidas do que a ciência tradicional quis acreditar.

As raízes: Jung, Pauli e os seus mundos.

As famílias.

Quando se analisa a extraordinária colaboração entre Carl Gustav Jung e Wolfgang Pauli, percebe-se que as raízes dessa compreensão estão profundamente enraizadas nos mundos familiares de ambos. As famílias moldam o caráter, alimentam medos e inspirações, preparam — às vezes sem querer — para o chamado para mistérios mais vastos. Jung e Pauli, provenientes de contextos sociais diferentes, eram ambos filhos de ambientes complexos, marcados por fortes tensões entre racionalidade e mistério.

Carl Jung nasceu em 1875 em Kesswil, na margem suíça do Lago de Constança. A família de Jung era de classe média modesta, mas com um rico background espiritual. O pai, Johann Paul Achilles Jung, era pastor protestante. Este homem, calmo e reflexivo, representava para o jovem Jung o arquétipo da dúvida religiosa. Na biografia «Memórias, sonhos, reflexões», Jung confessa:

«O meu pai era um homem bom, mas a sua fé parecia mais uma luta do que uma convicção»

. O menino observava frequentemente o pai imerso em estudos teológicos, rodeado de livros, mas temeroso das perguntas dos fiéis e, talvez ainda mais, das suas próprias incertezas. Esta relação ambígua com a religiosidade paterna alimentou na mente de Jung a fome de respostas que a doutrina não estava preparada para oferecer.

A mãe, Emilie Preiswerk Jung, era uma mulher enigmática. Emilie dividia-se entre longos períodos de serenidade e misteriosos ataques de melancolia. Jung descrevia-a como «habitada por duas personalidades». À noite, escrevia Jung, «*parecia que uma presença invisível ocupava o* quarto», aludindo a aquela aura de mediunidade que pairava na casa. Emilie contava sonhos, acreditava em sinais e aparições: uma feminilidade capaz de abrir, na mente do jovem Carl, as portas para o espiritual e o inconsciente. Esta figura materna deixou em Jung a marca desse duplo olhar para a realidade: um olhar racional e um olhar visionário.

Se a pequena cidade de Kesswil oferecia uma vida simples, a família Jung vivia uma certa instabilidade material. As constantes mudanças de paróquia do pai levaram a família a mudar-se várias vezes. Estas migrações não só tornavam a vida incerta, mas mostravam ao jovem Jung o mundo como um lugar sempre novo, habitado por múltiplas possibilidades e contrastes. Uma experiência que o tornou atento às vozes do diferente e do marginal.

A família de Wolfgang Pauli, nascido em Viena em 1900, também deixou marcas profundas na vida do cientista. Em cartas privadas, Pauli relata os conflitos silenciosos que o atormentavam. Pauli nunca se sentiu realmente «em casa» entre as luzes severas do laboratório do pai. A sombra da tradição judaica misturava-se em Pauli com o fascínio pelo misticismo, que a mãe cultivava secretamente. Viena, naqueles anos, era o berço da psicanálise freudiana e da física quântica; uma encruzilhada de ideias onde até a família Pauli respirava a tensão entre a racionalidade e o mistério.

Ambos cresceram à sombra de pais divididos entre a fé e a dúvida, entre o idealismo e as feridas íntimas. Jung herdou a fragilidade espiritual do pai e a mediunidade da mãe. Pauli carregava consigo a disciplina do pai e a nostalgia poética da mãe. Nenhum dos dois esquece o seu passado. Pelo contrário, o encontro entre Jung e Pauli nasce precisamente de uma reflexão comum: a consciência de que a ciência e a alma, o átomo e o inconsciente estão entrelaçados por antigas raízes familiares. Como naquele emaranhado misterioso que os unirá por toda a vida e que levará a mente de Jung e o átomo de Pauli a encontrarem-se na surpreendente teoria da sincronicidade.

Os estudos e a formação de Jung.

Ninguém poderia prever que um jovem médico suíço, criado nos bosques de Basileia e neto de pastores protestantes, se tornaria um dos pensadores mais influentes do século XX. No entanto, Carl Gustav Jung carregava dentro de si a sede pelo mistério, perguntas profundas e o fascínio pelo que escapava ao controlo da razão. A história das suas ideias é a de uma viagem. É uma parábola intelectual que começa na clínica psiquiátrica e termina no território fascinante e controverso da psicologia analítica.

Foi em Basileia — cidade de universidades antigas e fervor intelectual — que Jung começou a forjar a sua identidade. No outono de 1895, Jung matriculou-se na faculdade de medicina. O ambiente era animado. Jung, um jovem inquieto e observador, vagueava frequentemente pelas proximidades da catedral e pelas salas austeras do reitorado. Numa carta de 1896, escreveu:

> *«Tenho sempre o meu caderno à mão, a mente nunca pára diante da vida que fervilha à minha volta».*

As aulas de anatomia alternavam-se com as de fisiologia. Jung destacava-se por uma curiosidade que não tolerava as fronteiras entre a ciência e a filosofia. Frequentou as aulas de Ludwig Wille, um estudioso iluminado e aberto ao diálogo com as correntes espiritualistas da época, e destacou-se entre os alunos mais promissores do curso de psiquiatria.

Jung apaixonou-se pela psiquiatria graças à leitura da obra de Krafft-Ebing, uma personalidade de referência na ciência do início do século XX.

A experiência no Burghölzli.

Antes de cruzar os caminhos da física quântica com Wolfgang Pauli, Jung explorou profundamente o território da alma nos primeiros anos da sua formação. Para compreender o encontro fatal entre o pensador suíço e o cientista austríaco, talvez seja melhor começar pelo início. O ano de 1900 marca uma etapa fundamental: Jung consegue o seu primeiro emprego no famoso Burghölzli, a clínica psiquiátrica de Zurique dirigida por Eugen Bleuler. Aqui, Jung encontra não só as dificuldades desoladoras dos pacientes esquizofrénicos, mas também a investigação científica mais avançada sobre o inconsciente.

Em Burghölzli, Jung desenvolve o *«Teste de Associação Verbal»*. Ele pede aos pacientes que respondam rapidamente a palavras-estímulo. Ele analisa as suas reações, estuda os «complexos», ou seja, núcleos emocionalmente carregados e inconscientes em torno dos quais se agregam pensamentos e memórias. Este trabalho precoce leva-o a intuir que a psique não é apenas o resultado de experiências conscientes, mas guarda zonas profundas e autónomas, muitas vezes desconhecidas do próprio sujeito.

Na época, Burghölzli atraía os melhores jovens talentos europeus interessados em psiquiatria. Lá, Jung encontrou não apenas colegas que se tornariam ilustres — como Franz Riklin e Ludwig Binswanger —, mas acima de tudo um ambiente de vanguarda, onde o rigor científico se combinava com o desejo de compreender «o que se agita por trás do sintoma». O próprio Jung conta como os longos dias entre os pavilhões da clínica marcaram a sua abordagem a uma nova forma de ouvir o sofrimento psíquico, bem sintetizada pelo famoso aforismo:

> *«Por trás do sintoma está o símbolo que pede para ser ouvido».*

Em Burghölzli, Jung rapidamente se depara com a nova técnica da hipnose. São os anos em que a sugestão e o mesmerismo voltam a despertar o interesse nos salões médicos europeus. Jung e o , experimentam técnicas inovadoras em pacientes histéricos. Numa relação de 1904, escreve:

«Muitas vezes, basta uma palavra sussurrada para fazer emergir imagens que têm a força de sonhos antigos».

Esta abordagem marca a sua progressiva emancipação em relação ao positivismo dominante e aproxima-o das teorias do inconsciente.

Uma anedota significativa diz respeito a um jovem paciente de Burghölzli, profundamente bloqueado por estados de alucinação. Jung convida-o a descrever os seus sonhos, utilizando técnicas simples de relaxamento semelhantes à hipnose. Ao longo de algumas sessões, o rapaz começa a desenhar mandalas complexas: uma aventura imaginária que antecipa em décadas os laboratórios criativos das terapias modernas. Jung anota no seu diário:

«Cada forma nasce de uma necessidade interna. Cada distorção é o eco de um conflito invisível».

A clínica Burghölzli era muito mais do que um local de cura. Era um laboratório na fronteira entre o que era reconhecido pela ciência e o que permanecia misteriosamente excluído: as vozes, os sonhos, as visões. Lá, Jung inicia aquela jornada entre mundos visíveis e invisíveis que, anos mais tarde, o levará a dialogar com Wolfgang Pauli sobre a sincronicidade, o entrelaçamento da alma e a corajosa exploração dos arquétipos.

A «escola de Basileia» e o Burghölzli representam assim não só as primeiras etapas académicas de Jung, mas a raiz de uma revolução. Um diálogo constante entre a clínica e a especulação intelectual, entre a sombra da doença e a luz das descobertas. A partir desses anos na Suíça, Jung emerge armado com um olhar capaz de abraçar ao mesmo tempo o inconsciente coletivo e os mistérios da matéria, lançando as bases para futuros encontros com Pauli e a física do invisível.

De Freud à autonomia do pensamento.

Em 1907, Jung faz uma viagem decisiva a Viena. Conhece Sigmund Freud, que o acolhe como um filho espiritual e o reconhece como «príncipe herdeiro» da psicanálise. Durante alguns anos, os dois trabalham lado a lado, trocando cartas, teorias e casos clínicos. Em 1910, Jung torna-se presidente da *«Sociedade Internacional de Psicanálise»*. No entanto, a relação deteriora-se gradualmente.

Jung se afasta de Freud devido à sua visão redutora da libido. Freud considera a libido como uma energia essencialmente sexual. Jung prefere ampliar o conceito, incluindo todas as formas de energia psíquica: amor, criatividade, desejo de conhecimento. Jung publica em 1912 a obra *«Metamorfoses e símbolos da* libido», marcando o início de uma aventura intelectual independente.

Jung e Freud: o nascimento da amizade.

Há um momento na história da psicanálise que parece ter o sabor de um encontro marcante. É 3 de março de 1907 quando Carl Gustav Jung, então com 32 anos, atravessa a porta da casa de Sigmund Freud na Berggasse 19, no coração de Viena. Jung já é diretor médico da clínica Burghölzli em Zurique, mas é acima de tudo um jovem médico animado por uma singular abertura mental. Freud, com pouco mais de cinquenta anos, é o fundador reconhecido de uma disciplina nova e controversa.

O primeiro encontro entre Jung e Freud assume imediatamente um tom extraordinário. Os dois homens sentam-se frente a frente. Percebe-se imediatamente a urgência do confronto, a sede de esclarecimento. Freud apresenta Jung na sala de estar, um ambiente simples, mas repleto de livros, estátuas gregas e recordações do Oriente. Ali, entre o cheiro de papel e lápis de cera, começa uma conversa destinada a marcar uma época.

A conversa entre Jung e Freud dura treze horas. Nenhum dos dois quer interromper o fio da conversa. Falam de histeria, sonhos, símbolos e ciência. Jung conta ao pai da psicanálise as suas experiências em Burghölzli, as suas experiências com hipnose e a análise das associações verbais. Freud responde com o seu bagagem de casos clínicos, com a sagacidade do polemista e com o calor de quem sente, talvez pela primeira vez, a chegada de um verdadeiro herdeiro.

Não é só teoria. Freud é atraído pelo carisma de Jung, pela sua inteligência visionária e pela sua capacidade de integrar cultura científica e sensibilidade simbólica. Numa passagem famosa, Freud escreve: *«No Dr. Jung encontrei o meu príncipe* herdeiro», confiando assim ao colega suíço o papel, nunca ocultado, de sucessor espiritual e intelectual. Para Freud, Jung representa a esperança de levar a psicanálise para além dos limites da cultura judaica vienense; ele vê nele a ponte para a Europa do Norte, a «psicanálise ariana», como sugerirá de forma controversa em alguns escritos privados.

A correspondência entre os dois torna-se rapidamente intensa e apaixonada. Cada carta que Jung envia a Freud é aguardada com impaciência. Os temas são cada vez mais amplos: da teoria da libido às interpretações dos mitos, até às primeiras divergências sobre a natureza do inconsciente. Numa carta de 1908, Jung escreve a Freud:

> *«Quem procura a verdade deve ter a coragem de suportar a incerteza».*

Freud responde:

«Só quem conheceu a noite da mente pode tentar a luz do conhecimento».

A relação entre Jung e Freud também é feita de cotidiano. Nas viagens entre Viena e Zurique, os dois trocam livros, contam sonhos, discutem sobre pacientes difíceis. Freud convida Jung frequentemente para Viena, apresentando-o como o futuro da disciplina. Nos primeiros congressos internacionais de psicanálise, é Jung quem preside os trabalhos; é ele quem encarna a abertura, a autonomia, a possibilidade de um novo começo.

O salão da Berggasse 19 não acolhe apenas dois cientistas. Nessas horas concentra-se uma tensão criativa que marcará para sempre o destino da psicologia do profundo. A amizade entre Jung e Freud é, naqueles anos, quase um pacto de sangue. Teorias e visões do mundo os separarão, mas a marca daquele primeiro encontro permanecerá indelével.

Assim nasce o mito do «príncipe herdeiro». Assim começa uma viagem às profundezas da alma, entre a Viena fin de siècle e a Zurique vanguardista. A partir daqui, Jung iniciará finalmente o seu caminho rumo à autonomia, levando consigo a marca de uma amizade que mudou para sempre a forma como pensamos a mente humana.

Dissensões e ruptura: quando os caminhos se separam.

A história da amizade entre Carl Gustav Jung e Sigmund Freud é também o relato apaixonante de uma separação. A partir de 1911, torna-se cada vez mais evidente uma divisão, marcada pela força criadora das ideias. No centro desta separação está o desacordo sobre a natureza da libido e a conceção do inconsciente.

Freud continua a ver na libido uma força intimamente ligada à energia sexual. Esta energia levaria o indivíduo, segundo Freud, a procurar o prazer e a sublimar os impulsos nos símbolos da cultura. Jung, pelo contrário, percebe a libido como uma força muito mais ampla. Jung escreve que a libido é «energia vital», uma corrente profunda que move o homem não só para o prazer sexual, mas também para a criatividade e , a arte, a religião, o mistério. Numa carta a Freud em 1912, Jung afirma:

«A libido é a mola secreta do mito, do sonho, do impulso religioso».

A segunda grande ruptura surge na conceção do inconsciente. Freud imagina um inconsciente individual, povoado por memórias reprimidas e conflitos pessoais. Jung, por outro lado, começa a falar de um «inconsciente coletivo» — um reservatório de símbolos, imagens e arquétipos partilhados por toda a humanidade. Para Jung, por trás do sofrimento individual existe uma trama universal. Jung recorre às raízes da mitologia e das religiões, estuda o tarô, o folclore, as visões dos antigos. Jung ousa aproximar a psicologia das grandes questões sobre as origens do homem.

O ano de 1909 marca uma passagem invulgar, mas emblemática: a viagem aos Estados Unidos. Freud e Jung embarcam juntos no navio George Washington e atravessam o Atlântico para uma série de conferências na Clark University.

Nas suas memórias (*Memórias, sonhos, reflexões*), Jung descreve a aventura americana com tons vívidos, quase literários. Ele conta sobre a travessia, as conversas intermináveis com Freud e Ferenczi, a curiosidade pelo Novo Mundo, mas acima de tudo as dinâmicas pessoais que se intensificam durante a viagem. Jung destaca o fascínio e, ao mesmo tempo, o desconforto pela personalidade carismática, mas também autoritária, de Freud. Foi precisamente durante a travessia que ocorreram alguns episódios emblemáticos da sua relação.

Uma das anedotas mais conhecidas é a relatada pelo próprio Jung nas suas memórias: durante uma discussão particularmente acalorada sobre a interpretação dos mitos religiosos e os limites das explicações racionais, Freud desmaiou repentinamente. Jung interpretou esse episódio como a manifestação de um conflito psíquico interno de Freud, quase um sinal — no plano inconsciente — da dificuldade do mestre em questionar alguns núcleos centrais do seu pensamento. Este evento marca um ponto de viragem: Jung percebeu os e s limites da autoridade de Freud e amadureceu a consciência da abordagem dogmática que mais tarde contestaria.

Durante a mesma travessia, conta-se que Freud confessou a Jung as suas preocupações quanto à estabilidade e à futura coesão do movimento psicanalítico. Diz-se que Freud pediu quase um «pacto de lealdade» a Jung, temendo que dissidências internas pudessem prejudicar a disciplina recém-nascida. Com o tempo, Jung interpretou esse pedido como uma limitação ao seu espírito crítico e criativo.

Embora na América a colaboração parecesse sólida e vitoriosa, aqueles dias no mar marcaram, a um nível mais íntimo, o início da separação. Jung compreendeu que não podia limitar-se ao papel de «herdeiro» e iniciou o seu próprio caminho teórico, enquanto Freud percebeu o nascimento de uma autonomia intelectual irredutível no jovem colega.

Pouco depois, Jung publicou o seu livro mais revolucionário: *«Metamorfoses e símbolos da libido»*. No texto, Jung afirma a sua visão autónoma, declarando que o destino da psique não pode ser reduzido à sexualidade.

Em 1913, as relações entre Jung e Freud terminam definitivamente. Freud escreve:

«Não consigo mais compreendê-lo».

Jung responde:

«Tenho de seguir o meu caminho».

A partir desse momento, começa um novo capítulo para ambos. Jung, livre da sombra do mestre, poderá dedicar-se às explorações que o levarão, anos mais tarde, a dialogar com Wolfgang Pauli nos territórios fascinantes onde a alma e o átomo parecem dançar juntos.

Assim se consuma a separação. Não como um simples afastamento, mas como uma cisão criativa que abre novos horizontes ao pensamento, à ciência e aos mitos da modernidade.

A ruptura entre Carl Gustav Jung e Sigmund Freud marca uma virada decisiva na história da psicologia moderna. Não se trata apenas de uma divergência teórica, mas de um confronto entre duas visões do mundo.

Freud considera a libido principalmente como energia sexual. Jung deseja uma psicologia capaz de abraçar também o mistério, o sagrado, a imaginação. Em 1912, Jung toma coragem e publica *«Metamorfoses e símbolos da libido»*. Freud sente-se traído.

Jung está cada vez mais fascinado pelos mitos, pelos símbolos, pelo «inconsciente histórico». Jung observa nas suas pacientes imagens e relatos que parecem pertencer a uma memória maior do que a vida individual. Jung fala de «inconsciente coletivo», uma reserva de símbolos partilhada por toda a humanidade. Freud não aceita esta ideia. Para Freud, o inconsciente contém apenas o que a mente reprimiu, principalmente desejos infantis e sexuais. Jung, por outro lado, sonha com uma psicologia que se abra ao mistério das culturas arcaicas, das religiões e dos sonhos universais.

O sonho da casa com muitos níveis.

A história da psicologia é, por vezes, enriquecida por imagens tão poderosas que se tornam verdadeiros símbolos. Uma dessas imagens surge de um sonho que Carl Gustav Jung conta frequentemente nos seus escritos e conferências, sobretudo nos anos da viragem que o levará a separar-se de Freud.

O sonho em questão se passa em uma casa. Jung se encontra explorando uma casa desconhecida, mas logo percebe que cada andar esconde uma época diferente. No andar superior, ele vê móveis modernos, janelas luminosas e uma disposição racional do espaço, quase representando a consciência quotidiana do homem contemporâneo. Descendo um andar, Jung encontra-se imerso num ambiente com traços medievais: paredes de pedra, móveis austeros, uma atmosfera densa de mistério e memória. Finalmente, na cave, Jung descobre utensílios pré-históricos, ossos e fragmentos muito antigos. Lá, no coração da casa, sente-se transportado às origens mais remotas da humanidade. Nas suas «Memórias, sonhos, reflexões», Jung explica:

> *«Compreendi que a casa representava uma imagem da minha psique e que, descendo de andar em andar, aproximava-me das camadas mais profundas e mais antigas de mim mesmo».*

Jung interpreta a casa como uma metáfora da mente humana. O andar superior corresponde ao nível da consciência racional, o mais imediatamente acessível e visível. Os andares intermediários remetem às memórias coletivas, aos modelos transmitidos pelas civilizações. No porão ou na cave, Jung reconhece, ao contrário, o inconsciente dos arquétipos e das origens, um espaço primordial compartilhado por toda a humanidade.

Freud, por outro lado, quando ouve o relato deste sonho, aplica a sua habitual lente interpretativa. Para Freud, este cenário não pode representar outra coisa senão uma variação dos conflitos infantis, das pulsões que permaneceram enterradas na infância e nas primeiras relações familiares. Em essência, Freud reduz o labirinto de símbolos descoberto por Jung aos esquemas da sexualidade e do desejo, voltando sempre à raiz do trauma pessoal. Jung percebe nisso uma simplificação excessiva. Para ele, a casa do sonho não é apenas o cenário de um drama privado: é antes uma catedral estratificada da experiência humana.

Esta leitura diferente do sonho contribui para a viragem nas relações entre os dois. Jung percebe que a psique não pode ser reduzida aos esquemas da infância. O sonho da casa torna-se então uma declaração de autonomia: a mente humana é um edifício com várias camadas; cada indivíduo habita simultaneamente a modernidade, o passado da civilização e as profundezas pré-históricas. Freud e Jung, como muitas vezes acontece entre dois pioneiros, olham para a mesma paisagem e vêem horizontes diferentes.

O sonho da casa revive também na amizade entre Jung e Wolfgang Pauli. Pauli, habituado a raciocinar nas profundezas atómicas da matéria, encontrará nesta imagem uma perfeita metáfora da complexidade do real. Anos mais tarde, nas suas discussões sobre sincronicidade e inconsciente coletivo, Jung e Pauli usarão frequentemente a metáfora da casa estratificada como símbolo de uma realidade que não se deixa reduzir: a mente e o átomo, ambos escondem planos ocultos que só a coragem de explorar pode trazer à luz.

Assim, esse sonho torna-se o limiar de uma nova forma de pensar. Jung compreende que a psique é uma história que atravessa as épocas. Nesta casa feita de passado e futuro, cada um encontra a sua verdade apenas voltando às fundações – onde a ciência encontra o mito e onde a busca de sentido nunca deixa de aprofundar-se.

A ruptura é irreparável. Freud acusa Jung de querer «elevar a maré do irracional». Jung responde que a ciência, sem o mito, torna-se estéril. Jung escreve numa carta:

> *«O meu destino quer que eu não receba nada de Freud e que Freud não receba nada de mim».*

No final de 1913, a separação é definitiva. Jung abandona a *Sociedade Internacional de Psicanálise* e retira-se para Küsnacht, nas margens do lago de Zurique. Aqui, Jung elabora o conceito de arquétipos, de alma e sombra, ampliando a psicologia para além dos limites freudianos.

A separação entre Jung e Freud não é apenas o fim de uma colaboração, mas o início de dois caminhos paralelos. Freud continua a escavar nos abismos da sexualidade reprimida. Jung vai em busca dos símbolos que unem as culturas, dos mitos que dão forma ao inconsciente. A psicologia, graças ao seu confronto, torna-se um grande campo de ideias e descobertas.

O inconsciente coletivo e os arquétipos.

Após a ruptura com Freud, Jung atravessa um período de profunda crise pessoal. Vive uma espécie de «noite escura da alma». Experimenta sonhos e visões que anota com rigor científico. Retira-se para Küsnacht, nas margens do lago de Zurique. Aqui, na torre que constrói com as próprias mãos, Jung estuda, pinta, medita.

Entre 1913 e 1917, Jung desenvolve o conceito de inconsciente coletivo. Segundo Jung, o inconsciente não contém apenas o que foi removido da experiência pessoal, mas uma dimensão mais profunda e universal. Jung defende que diferentes povos têm em comum imagens, histórias, símbolos, que ele define como «arquétipos». O arquétipo, para Jung, é uma forma original inscrita na psique de cada ser humano: a Mãe, a Sombra, o Velho Sábio, o Herói.

Arquétipos e símbolos nos sonhos e nas histórias dos pacientes.

Desde os primeiros anos da sua carreira na Klinik Burghölzli, em Zurique, Jung percebeu que os sonhos dos seus pacientes continham símbolos universais. Esses símbolos não eram apenas imagens fruto da experiência individual. Eles representavam algo profundamente coletivo: os arquétipos.

Para Jung, o arquétipo é uma estrutura psíquica inata. Ele funciona como uma matriz para a experiência humana, produzindo narrativas e figuras que encontramos nos mitos de todas as culturas. A mente não é apenas uma tabula rasa. O inconsciente coletivo guarda traços de um conhecimento antigo, que emerge em sonhos e visões espontâneas, muitas vezes com precisão surpreendente.

Na correspondência entre Jung e Pauli, parcialmente reunida no volume «*A interpretação da natureza e da* psique» (1952), emerge uma tensão criativa única. Pauli sugere que os símbolos oníricos e as imagens arquetípicas se comportam como objetos quânticos: não são nem completamente determinados nem totalmente aleatórios. A alma (a psique) e a matéria, afirma Pauli, podem entrelaçar-se num estado de «entrelaçamento», como duas partículas quânticas unidas por leis misteriosas. Jung responde com a noção de sincronicidade, definida como *«a coincidência e e de eventos carregados de significado, não ligados por uma relação causal»*.

Jung e Pauli debateram frequentemente as analogias entre os mitos antigos e os modelos da física moderna. Jung cita frequentemente Goethe, o Fausto e os mitos gregos, enquanto Pauli recorre ao simbolismo alquímico e às imagens que povoam a arte renascentista. Ambos estavam convencidos de que as ciências modernas herdaram, a nível inconsciente, a mesma tensão em relação ao mistério que movia os filósofos e sacerdotes antigos.

O diálogo entre Jung e Pauli mostra que as fronteiras entre a psique e a física, entre o sonho e a realidade, são mais tênues do que pensamos. Cada sonho, cada símbolo, é um fragmento de uma linguagem universal que nos une nas profundezas do tempo. E, como conta a história do escaravelho de ouro, às vezes a vida real, por misteriosas coincidências, reproduz fielmente o teatro interno da alma.

No laboratório secreto do inconsciente, entre arquétipos e átomos, o homem contemporâneo reencontra a sua antiga vocação de buscador de sentido. Um sentido que, por vezes, como o escaravelho na janela de Jung, bate inesperadamente à porta do nosso destino.

Jung morre em 1961, deixando uma obra monumental. O seu legado ainda influencia a antropologia, a literatura, a arte e a psiquiatria. As suas explorações continuam a ser um convite a atravessar o limiar do desconhecido, em busca daquilo que, no ser humano, une o que a ciência e o mito parecem separar.

Jung e os seus casos clínicos: às raízes da psique profunda.

Carl Gustav Jung não foi apenas um teórico da psique, mas também um clínico perspicaz e atento. No seu consultório em Küsnacht, com vista para as águas do lago de Zurique, Jung recebia pacientes de todos os cantos da Europa. Muitos desses casos tornaram-se famosos nos seus escritos. Jung sempre intuiu que, por trás do sofrimento individual, escondiam-se símbolos coletivos e dramas interiores partilhados pela humanidade.

O caso da visão do Sol: o conhecimento sem experiência.

Entre as salas silenciosas da clínica Burghölzli, em Zurique, em 1910, Carl Gustav Jung recebe um jovem paciente com esquizofrenia. É um dos casos clínicos mais enigmáticos e sugestivos da história da psicologia. O rapaz, visivelmente perturbado, mas capaz de uma lucidez imaginativa surpreendente, conta a Jung uma visão prodigiosa: ele vê o Sol no céu, mas não é o Sol habitual. O jovem descreve o astro como dotado de uma protuberância estranha, semelhante a um membro masculino, da qual brotam faíscas douradas brilhantes. Segundo a visão, essas faíscas fertilizam a Terra, num ato cósmico de geração e fertilidade.

Jung toma notas. O psiquiatra suíço ouve sem interromper, consciente de estar diante de algo que transcende a fantasia individual. Naquela época, Jung ainda estava imerso no estudo das estruturas profundas da mente, mas já fervilhava o seu pensamento sobre o universal, sobre as origens e s simbólicos comuns à humanidade. Mais tarde, ele cita com precisão esse encontro nos seus escritos:

«O jovem não tinha qualquer formação clássica, nenhum conhecimento de mitologia antiga. E nenhuma possibilidade, na minha opinião, de ter encontrado imagens semelhantes».

Os anos passam. A lembrança daquela visão permanece viva na mente de Jung. Então, uma reviravolta inesperada: é publicada uma antiga liturgia de origem mitraica. Na descrição ritual, Jung reencontra a mesma imagem relatada pelo jovem doente: o Sol é representado com uma protuberância da qual brotam germes ou faíscas luminosas, em ato de fecundação cósmica. A descoberta deixa o psicanalista profundamente impressionado. Nenhum texto, nenhuma fonte antiga era acessível ao jovem paciente na época da sua visão. Jung compreende que está diante de um facto extraordinário.

Para Jung, este episódio ilumina uma verdade que tem o sabor de uma revelação. A imagem arcaica não é apenas fruto de uma fantasia individual nem sinal de patologia. É, antes, uma manifestação do inconsciente coletivo: um vasto espaço psíquico, onde a humanidade tece desde sempre os seus símbolos fundamentais. Jung observa:

«O que se manifestou naquele jovem era um arquétipo, uma matriz de imagens e significados partilhados por homens de todos os tempos e culturas».

Esta descoberta não é apenas uma anedota clínica, mas o coração pulsante de uma virada teórica. Para Jung, o inconsciente não é uma cave pessoal cheia de memórias reprimidas, mas um templo submerso onde habitam os grandes mitos comuns a toda a espécie.

O alcance desta intuição repercute-se no encontro, décadas mais tarde, entre Jung e Wolfgang Pauli. O físico vencedor do Prémio Nobel fica fascinado por esta forma de pensar: também o mundo dos átomos, para Pauli, é construído sobre leis invisíveis e formas universais. Nos seus diálogos, o caso do Sol mitraico torna-se um modelo de «sincronicidade», ou seja, o aparecimento simultâneo de eventos interiores e exteriores ligados por um sentido, mas não por uma causa material. A mente e a matéria, como a visão do menino do « » e o arquétipo antigo, entrelaçam-se numa trama invisível. Pauli, habituado a trabalhar com as simetrias profundas da natureza, encontra na teoria junguiana uma resposta ao antigo sonho de unidade entre ciência e mito.

O episódio do jovem e do Sol continua a ser um dos pontos culminantes da reflexão junguiana. Aqui se entrelaçam a história pessoal e a memória da humanidade; aqui se manifesta a possibilidade de que, no nosso interior, ainda ressoe o eco de cerimónias antigas, como as praticadas nos mistérios de Mitra. Em Zurique, entre as paredes da clínica, Jung vislumbrou não apenas o destino de um único paciente, mas um possível destino coletivo: a redescoberta dos arquétipos, da memória universal que faz do homem moderno o herdeiro de todas as suas eras.

Assim, a psicologia torna-se uma ponte entre o passado e o futuro, entre o indivíduo e a espécie, entre a ciência e o sagrado. A visão do Sol que fertiliza a Terra torna-se, ainda hoje, o símbolo austero e luminoso de um mistério que nos diz respeito a todos: o inconsciente como lugar onde a alma fala a linguagem antiga dos deuses.

A senhora que sonhava com escaravelhos.

Outro episódio que ficou na história da psicologia aconteceu em Küsnacht, nos anos 20. Uma jovem mulher, racional e cética, procurou Jung por causa de ansiedade e sonhos perturbadores. Jung trabalhou com os sonhos da paciente, usando técnicas de análise. Um dia, a mulher contou que sonhou com um escaravelho dourado, símbolo de renascimento na tradição egípcia.

Enquanto Jung ouve a história, ouve algo bater contra a janela. Um inseto alado semelhante a um escaravelho pousa no vidro. Jung abre a janela, apanha-o e mostra-o à paciente: «Aqui está o seu escaravelho». O efeito é devastador. A improvável coincidência entre o sonho e a realidade quebra as resistências racionais da paciente. Este evento vai além da simples «casualidade». Jung chama a estes fenómenos «sincronicidade»: ligações acausais, mas cheias de significado, entre a mente e o mundo.

O caso do alquimista americano: psique e símbolo.

Nos anos em que Carl Gustav Jung explora os meandros da psique coletiva, a sua atividade clínica continua a ser tudo menos comum. Um caso surge, ainda hoje, como símbolo da sua originalidade: o do empresário americano, um paciente marcado por uma grave crise existencial. Estamos entre os anos 20 e 30. A América vive a modernidade, mas nos sonhos atormentados deste homem agitam-se forças antigas.

O paciente é um homem racional, amante do sucesso e da concretude. A crise o assalta abruptamente: insônia, ansiedade paralisante, pesadelos repetidos. Uma noite, ele sonha com metais fundidos, fornos em ebulição, substâncias que se transformam enquanto um fogo misterioso arde no centro. O homem, confuso e impressionado, conta tudo a Jung no silêncio do seu consultório em Zurique. Jung ouve com atenção e reconhece imediatamente o significado profundo desses símbolos: são imagens vívidas, tiradas da tradição alquímica.

Jung, como um verdadeiro explorador das fontes, leu Paracelso, Zósimo de Panópolis, Basilius Valentinus. Ele sabe que a alquimia, sob o véu da química arcaica, esconde na verdade uma narrativa psíquica de morte e renascimento. Jung, cada vez mais convencido do poder dos arquétipos, convida o paciente a ler os textos dos antigos mestres alquimistas. Coloca nas suas mãos as imagens das *«bodas* chymicae», as núpcias entre o enxofre e o mercúrio, as parábolas da matéria que morre e renasce transformada.

O efeito não tarda a manifestar-se. O paciente, inicialmente cético, mas intrigado, sente uma lenta transformação interior. O homem começa a traduzir os momentos mais sombrios da sua vida em imagens de uma fornalha alquímica. As várias fases dos sonhos — do caos inicial ao aparecimento da «pedra e o filosófico» — refletem-se no seu percurso pessoal. Com surpresa, o paciente conta a Jung que se sente menos fragmentado, capaz de acolher dentro de si tanto a sombra como a luz. Jung anota no seu diário:

> *«Os sonhos do meu paciente não são apenas o sintoma de um conflito privado. Eles contêm os mesmos símbolos que povoam há séculos as visões dos alquimistas. Aqui, a psique individual toca a história universal da transformação».*

Jung atribui a cura não apenas ao diálogo analítico, mas à força milenar dos arquétipos. As imagens da alquimia não são curiosidades empoeiradas, mas matrizes vivas capazes de orientar uma existência.

Não é de surpreender que esses motivos tenham atraído Wolfgang Pauli, físico quântico ganhador do Prémio Nobel, às reflexões de Jung. Pauli reconhece nos processos descritos pela alquimia uma metáfora surpreendentemente atual da física moderna: a mudança da matéria, a passagem de um estado para outro, as «sincronicidades» entre o mundo interno e o mundo externo.

Jung vê na obra alquímica a parábola da transformação psíquica. O *«solve et* coagula» dos alquimistas torna-se para Jung o próprio processo de individuação: dissolver as restrições e coagular uma nova identidade. O empresário americano, graças ao encontro com os símbolos universais, realiza um verdadeiro percurso de renascimento.

O caso transforma-se assim numa lição fundamental. Jung ensina que só atravessando a linguagem dos arquétipos podemos permitir que a nossa alma se «transmute». Tal como o alquimista que observa os metais a mudar, também o homem moderno pode redimir a sua dor, traduzindo-a na grande narrativa simbólica da humanidade. Neste encontro de mundos — a psique e a matéria, o sofrimento e o renascimento — Jung vê o verdadeiro sentido da terapia e da busca espiritual.

A alma feminina e o mistério do Animus.

Carl Jung não se limitou a investigar a psique masculina. Nos seus diários e conferências, Jung atribui um papel crucial à dimensão feminina da alma e ao que define *como Animus*. Nos seus casos clínicos, as histórias das mulheres ocupam uma posição central, muitas vezes iluminadas por sonhos ricos em enigmas e imagens arcaicas.

Entre os exemplos mais emblemáticos está o de uma mulher inglesa, proveniente de uma antiga família aristocrática. Por volta dos anos 20, esta mulher recorre a Jung após uma fase de inquietação interior e profunda insatisfação. Os seus sonhos são sombrios e complexos. Muitas vezes, a mulher sonha que atravessa ruínas de castelos, caminhos escuros em florestas densas, altares abandonados sob a lua. A mulher conta que se sente observada por figuras femininas antigas, ora rainhas, ora mães onipresentes, às vezes sacerdotisas de rosto enigmático.

Jung ouve com atenção. Para ele, esses sonhos são a linguagem da Alma — a contraparte feminina e mística da psique, que se manifesta com força especialmente durante momentos de crise ou transformação. Jung escreve:

> *«Na viagem da Alma, a mulher encontra não só a si mesma, mas todas as mulheres que vieram antes dela».*

As imagens arquetípicas que emergem não são simples produtos da imaginação pessoal; são esquemas universais, presentes no profundo património simbólico da humanidade.

Jung defende que o reconhecimento desses arquétipos tem uma função terapêutica poderosa. Para a mulher inglesa, aprender a reconhecer em sonhos a rainha, a mãe ou a sacerdotisa significa entrar em contacto com forças criativas e protetoras da sua personalidade. Não é por acaso que algumas das imagens mais recorrentes nos sonhos femininos pertencem ao mundo das lendas e dos mitos: Ísis, a Virgem Maria, a Rainha das Fadas, Hécate, Deméter. Para Jung, estas figuras não são relíquias do passado, mas presenças vivas no imaginário moderno.

O percurso da mulher inglesa atravessa não só a análise, mas também as sugestões da literatura. Jung convida a paciente a ler mitos e contos de fadas, desde as tragédias gregas até os contos celtas. O objetivo não é apenas revelar a riqueza do simbolismo, mas também oferecer uma chave para integrar esses poderes interiores na vida quotidiana. Muitas vezes, observa Jung, a verdadeira transformação ocorre quando a paciente, durante o sonho ou na vigília, reconhece em si mesma a rainha segura, a mãe compassiva, a sacerdotisa sábia.

Essa visão antecipa e se reflete também nos diálogos com Wolfgang Pauli. Pauli, acostumado a sondar o invisível nos fenómenos quânticos — onde as partículas parecem «trocar papéis» numa dança de simetrias —, encontra na dimensão arquetípica junguiana uma fonte de analogias profundas. Jung explica a Pauli como a Anima, assim como o Animus para o indivíduo masculino, é uma força «organizadora» que atua no caos da psique, trazendo unidade e significado, assim como uma fórmula física encerra a complexidade do real.

Nos cadernos de Jung não falta uma reflexão sobre o encontro entre mulheres e imagens arquetípicas:

«Não há cura sem o reconhecimento da Grande Mãe ou da Rainha interior.»

Assim anota Jung em 1934:

«A mulher inglesa, de volta à vida quotidiana, sentirá que possui uma nova força: o que antes era apenas um sonho obscuro, agora torna-se um aliado precioso na busca do equilíbrio e da identidade.»

A herança de Jung convida-nos, então, a ver nos sonhos femininos não simples enigmas psicológicos, mas caminhos iniciáticos tão antigos quanto a própria humanidade. Quer se trate de ruínas, florestas ou altares misteriosos, a Alma feminina, sustentada pelo trabalho sobre o arquétipo, continua ainda hoje a falar a linguagem universal das grandes histórias e dos grandes mistérios. Nesta viagem, a ciência de Jung entrelaça-se com a poesia, a história e o mito — e lembra-nos que, no fundo, o feminino nunca é e m individual: é um caminho partilhado, enraizado na memória coletiva da nossa espécie.

Colaboradores e correspondentes.

O primeiro texto de Jung com coleções de casos, «*Psicologia do* Inconsciente», aparece em 1912. As reflexões sobre a sincronicidade, estimuladas também pelo diálogo com Wolfgang Pauli, aparecem depois de 1930, quando os dois se cruzam.

Com «Psicologia do Inconsciente», Jung dá o primeiro passo em direção à autonomia teórica. O texto reúne casos clínicos que iluminam a sua visão do símbolo e do inconsciente coletivo.

Jung não gostava de trabalhar isolado. Em Zurique, estabeleceu uma colaboração poderosa com Toni Wolff, uma intelectual refinada, sua cúmplice e musa durante décadas. Toni Wolff ajudou Jung a desenvolver a teoria dos arquétipos e a interpretação dos sonhos. No período entre as duas guerras, Jung dialoga com Erich Neumann, um pensador europeu emigrado para Tel Aviv, e com Marie-Louise von Franz, uma jovem estudiosa que rapidamente se torna o coração pulsante da escola junguiana. Com eles, Jung discute sonhos, mitos e símbolos antigos, abrindo os seus casos clínicos e misturando psicologia e cultura geral.

Nos primeiros trinta anos do século XX, as ciências questionam-se sobre a dimensão invisível da realidade. Em

1930, numa conferência em Salzburgo, Jung conhece Wolfgang Pauli. Pauli, físico austríaco de origem judaica, acabara de desenvolver a teoria que lhe renderia o Nobel em 1945. O diálogo entre os dois não surgiu por acaso. Pauli, devastado por uma crise pessoal e fascinado pelos mistérios do inconsciente, consulta Jung como paciente e interlocutor filosófico.

A correspondência entre Jung e Pauli intensifica-se. As cartas, ainda hoje guardadas nos arquivos de Zurique e Princeton, testemunham uma colaboração intelectual única. Pauli escreve:

> *«A física moderna anuncia que nem tudo é determinável; pode ser que a causalidade não seja mais a última palavra.»*

Este pensamento desperta em Jung a reflexão sobre o princípio da sincronicidade: a ideia de que existe uma ligação não causal entre eventos psíquicos e materiais.

Em 1952, Jung publica *«Sincronicidade como princípio de conexões acausais»*. O texto traz os sinais do encontro com Pauli. O exemplo clássico: uma paciente conta que sonhou com um raro besouro dourado; enquanto fala sobre isso, um besouro idêntico entra na sala. Para Jung, este evento não é mera coincidência. O símbolo, carregado de significado para a paciente, parece «chamar» a realidade externa, como se a psique e a matéria respondessem de forma enigmática.

Pauli, acostumado à imprevisibilidade dos «quanta», encontra nas teorias de Jung uma analogia surpreendente. Nas cartas, ele escreve que:

> *«o inconsciente coletivo move-se no invisível como as partículas no universo subatómico».*

Dois mundos diferentes que se procuram: a busca do sentido na psique, a busca da coerência na matéria. A sua troca alimenta-se de anedotas, sonhos, metáforas matemáticas, reflexões sobre os mitos clássicos.

Mesmo as colaboradoras mais próximas de Jung oferecem contribuições essenciais. Toni Wolff aprofunda a relação entre a alma feminina e o símbolo. Neumann decifra a viagem do herói nos mitos e nos sonhos. Marie-Louise von Franz interpreta os contos de fadas europeus como manifestações vivas de processos psíquicos. Jung recebe esses estímulos e os integra, explorando a fronteira tênue entre o indivíduo e a coletividade, entre o consciente e o inconsciente.

Quando Jung e Pauli caminham pela ponte entre a mente e o átomo, lançam as bases de um novo pensamento. Trata-se de um pensamento que reconhece a complexidade da existência e a riqueza das ligações invisíveis. Numa carta de 1948, Jung escreve a Pauli:

> *«A ciência e o mito não são opostos: são duas linguagens para dizer a mesma verdade».*

A história desta colaboração lembra-nos que a busca de sentido atravessa disciplinas, épocas e destinos pessoais.

A viagem de Jung, marcada por encontros, publicações e correspondências, deixa-nos um legado profundo. A sincronicidade, como o princípio da indeterminação na física, leva o olhar além dos limites reconfortantes da pura causalidade. No entrelaçamento entre a alma e o mundo, entre o acaso e o destino, abre-se um espaço fértil para o espanto e para o pensamento. E neste espaço — entre as cartas de Pauli, os sonhos dos pacientes, as discussões nos cafés de Zurique — toma forma uma das aventuras intelectuais mais fascinantes do século passado.

Toni Wolff e o círculo de Zurique: contribuições esquecidas.

No panorama da psicologia do século XX, Toni Wolff continua a ser uma figura-chave que muitas vezes ficou na sombra. Wolff foi companheira e confidente de Carl Gustav Jung, mas acima de tudo uma das mentes mais férteis da escola junguiana nascente em Zurique entre as duas guerras. Se Jung é universalmente reconhecido pela teoria do inconsciente coletivo e dos arquétipos, é também graças ao diálogo com Wolff que esses conceitos adquirem profundidade e novas perspetivas.

Toni Wolff nasceu em Zurique em 1888, filha de uma família burguesa culta e aberta às novidades intelectuais. Muito jovem, Wolff entrou no círculo de Jung num momento de grande agitação. Estamos nos primeiros anos do século XX, em Zurique, cidade rica em fermentos artísticos, filosóficos e científicos. Na cidade encontram-se estudantes, poetas, médicos e refugiados políticos; as salas da Burghölzli, a famosa clínica psiquiátrica, acolhem discussões que muitas vezes se prolongam até altas horas da noite.

Wolff destacou-se imediatamente pela sua inteligência viva e pela profunda sensibilidade para com os temas da alma. Jung viu em Wolff uma colaboradora a quem dar ouvidos, não uma simples aluna. A sua relação, tecida de paixão e respeito intelectual, criou n , um espaço inédito para a elaboração das ideias mais revolucionárias. Em 1911, durante os primeiros seminários sobre psicologia analítica, Wolff intervém como oradora, trazendo o tema do arquétipo feminino.

Toni Wolff desenvolve um sistema original para a interpretação da psique feminina, introduzindo as suas famosas «quatro tipologias femininas»: a Mãe, a Eterota, a Amazona e a Meditativa. Segundo Wolff, cada mulher encarna de forma única estes arquétipos, que funcionam como uma bússola para o processo de individuação. Wolff afirma:

> *«O verdadeiro crescimento interior da mulher se realiza quando ela aceita e transforma as energias dos grandes arquétipos que a habitam.»*

Algumas notas inéditas das suas aulas, conservadas nos arquivos da Fundação Jung em Zurique, testemunham o papel central que estas ideias tiveram na formação das teorias junguianas sobre a alma.

A presença de Wolff no primeiro círculo junguiano, juntamente com figuras como Alphonse Maeder, Jolande Jacobi e Emma Jung, transforma as conversas semanais em extraordinários laboratórios de ideias. Ao contrário de muitos grupos exclusivamente masculinos da época, a escola de Zurique distingue-se pela presença ativa das mulheres nas discussões e na produção teórica. Os encontros, que se realizavam tanto no consultório de Jung em Küsnacht como na casa de Wolff na Zeltweg, decorriam frequentemente em torno de uma grande mesa, entre livros, desenhos de mandalas e símbolos retirados das culturas orientais.

Um episódio emblemático ocorre em 1916, durante uma discussão noturna sobre o impacto do mito na vida moderna. Wolff, diante de um grupo cético, conta um conto escandinavo para ilustrar o poder transformador do arquétipo da Mãe. Jung, impressionado com a eficácia narrativa de Wolff, cita-o alguns dias depois numa palestra pública:

«As histórias de Toni mostram que dentro de cada mito repousa a força latente do devir interior.»

Esta troca sublinha como o método dialógico do grupo de Zurique favorece o nascimento de novas ideias, onde cada voz, especialmente a feminina de Wolff, contribui para a riqueza da reflexão.

Apesar da centralidade de sua contribuição, com o tempo o nome de Wolff permaneceu muitas vezes ofuscado pela fama de Jung. No entanto, as ideias de Wolff continuaram a circular. Em 1934, Wolff publicou «Estruturas da Consciência Feminina», um ensaio pioneiro que influenciaria gerações de terapeutas e estudiosos da psicologia analítica. A redação deste livro de Wolff recebeu o incentivo de Jung, que escreveu numa carta:

«Querida Toni, a sua visão torna visível o invisível. Sem você, o meu trabalho teria sido mais pobre.»

O clima cultural de Zurique entre as duas guerras favoreceu esses intercâmbios. A cidade, que acolhe pensadores exilados como Lenin e acende debates entre dadaístas e fenomenologistas, torna-se o laboratório vivo da psicanálise alternativa. Aqui, graças também a Wolff, a psicologia junguiana assume uma fisionomia única: não apenas ciência da interioridade, mas também disciplina artística e filosófica, capaz de dialogar com os mistérios da matéria e da alma.

Hoje, enquanto ainda se investiga a ligação entre a sincronicidade de Jung e os princípios da física de Pauli, redescobrir Toni Wolff significa recuperar uma parte fundamental da história da psicologia. Wolff é a voz que, com delicadeza, rigor e paixão, soube dar forma à dimensão feminina do inconsciente, oferecendo ao mundo uma visão mais rica e complexa da psique. Só reconhecendo a vivacidade e a coragem intelectual de figuras como Wolff é possível compreender toda a inovação do círculo de Zurique e o seu legado no mundo contemporâneo.

O valor dos «casos» na construção da teoria.

Para Jung, os casos clínicos não são simples anotações. São, ao contrário, o verdadeiro laboratório onde a história individual se entrelaça com os grandes temas da humanidade. Jung afirma:

> *«Todo homem que se confronta com o inconsciente entra num território comum a todos os homens».*

Nesta visão, cada paciente torna-se um pioneiro que, ao narrar o seu sonho ou a sua dor, atualiza símbolos ancestrais.

Um caso exemplar, relatado pelo próprio Jung, diz respeito a uma jovem mulher atormentada por pesadelos recorrentes. A paciente sonha repetidamente com uma casa em chamas e uma figura masculina sem rosto que tenta salvá-la. Jung interpreta a casa como um símbolo do Eu e da identidade em transformação. A figura sem rosto, por outro lado, representa as forças do inconsciente prontas para guiar, mas nunca reconhecidas na vigília. No consultório, quase milagrosamente, a paciente recupera força e visão, no momento em que reconhece a universalidade das suas próprias imagens: a casa em chamas não é só dela; é uma crise que todos os indivíduos, mais cedo ou mais tarde, atravessam.

Em «*Psicologia* do Inconsciente», Jung inaugura uma espécie de mapa partilhado da alma, ajudado por colaboradoras como

Toni Wolff. Wolff estimula Jung a ver nas histórias clínicas verdadeiros mitos vivos. Mais tarde, figuras como Erich Neumann e Marie-Louise von Franz enriquecem a sua perspectiva: a narrativa dos casos transforma-se num relato coral, onde o sofrimento privado se reflete nas grandes lendas de todas as civilizações.

Wolfgang Pauli, atravessado por crises pessoais e visões oníricas, recorre a Jung não apenas para encontrar paz, mas para compreender se a lógica dos sonhos pode ter uma ressonância universal, semelhante às leis que regem as partículas subatómicas. Pauli, protagonista da física de fronteira em Zurique e Copenhaga, conta os seus sonhos a Jung. Nos sonhos de Pauli aparecem rodas que se cruzam e figuras geométricas que se transformam, símbolos que Jung interpreta como chaves secretas da ordem cósmica. Numa carta, Pauli escreve:

«Parece-me que o mundo interior segue as mesmas simetrias do mundo exterior».

O conceito de sincronicidade nasce neste terreno fértil comum. Nas suas conversas com colaboradores e colegas, Jung sublinha que o mito e a ciência não são rivais, mas instrumentos complementares para compreender a natureza humana. Neumann estuda a viagem do herói nos sonhos dos pacientes; Marie-Louise von Franz interpreta os contos de fadas como mensagens ativas do inconsciente coletivo. Toni Wolff identifica no caso clínico uma partitura oculta, onde o privado se funde inevitavelmente com o destino coletivo.

Zurique, a cidade onde Jung trabalha, torna-se um observatório privilegiado. O consultório em Küsnacht enche-se de pacientes de toda a Europa, cada um trazendo histórias de desorientação, esperança e busca de sentido. Jung ouve, anota, interpreta. Cada caso o convence de que o mundo moderno perdeu o contacto com os símbolos que dão orientação. Em 1944, Jung escreve:

«A nossa época é espiritualmente pobre precisamente porque já não sabe ler os seus próprios sonhos.»

O legado de Jung e Pauli é hoje ainda mais atual. Os casos clínicos, nesta perspetiva, não são fragmentos privados, mas elementos essenciais de uma grande história coletiva. O indivíduo, no centro das suas crises, torna-se intérprete e testemunha de um drama que diz respeito a todos: o da busca de sentido num universo que, misteriosamente, se assemelha a nós.

As raízes míticas da psique: estudos sobre mito e folclore.

O coração da colaboração entre Carl Jung e Wolfgang Pauli bate na encruzilhada entre mito, alma e ciência. Para compreender verdadeiramente esta ligação, é necessário remontar às origens culturais das ideias junguianas. Jung, médico e psiquiatra suíço, não se limita a olhar para dentro da mente. Jung viaja, observa, recolhe. Jung mergulha no tecido e n m profundo das tradições populares da Suíça e da Alemanha.

Jung acredita que o mito é a linguagem mais antiga da alma. Por esta razão, já nos anos 10 e 20 do século XX, Jung deixa frequentemente a sua amada Zurique. Jung viaja para Praga, cidade histórica no cruzamento da Europa Central. A biblioteca universitária de Praga guarda códigos medievais, bestiários, crónicas de visionários boémios. Aqui, Jung consulta manuscritos que falam de dragões, espíritos da floresta, antigos deuses pagãos. Jung anota as semelhanças entre as lendas checas e os sonhos dos seus pacientes. Para Jung, o folclore não é apenas o passado: é uma fonte viva do inconsciente coletivo.

Em Berlim, na década de 1920, Jung frequenta ambientes culturais diferentes dos suíços. Conhece filólogos, psiquiatras, filósofos. Jung vai frequentemente ao *Pergamonmuseum* para observar os vestígios das antigas civilizações mesopotâmicas. Jung afirma que:

> *«As imagens que habitam o mito antigo sobrevivem na nossa psique contemporânea, arquétipos mudos que ressurgem nos sonhos e na loucura.»*

Em Berlim, Jung colaborou com Richard Wilhelm, sinólogo alemão, tradutor do «*Livro das* Mutações» (*I Ching*). Wilhelm explicou a Jung como as imagens e os símbolos atravessam culturas e séculos, assumindo novos significados em cada época.

Não são apenas as histórias antigas que interessam a Jung. O folclore suíço, com as suas figuras de espíritos alpinos, anões, pássaros falantes e bosques encantados, oferece a Jung um repertório inesgotável. Jung recolhe estas histórias diretamente dos camponeses das aldeias dos lagos e dos vales. No seu caderno, anota:

«Cada símbolo retorna, muda de rosto, mas sempre fala ao homem na sua solidão.»

Jung usa esses exemplos tanto nas suas palestras quanto no trabalho clínico, mostrando como o espírito da montanha ou o dragão dos contos de fadas representam medos universais, mas também promessas de transformação.

Quando Jung conhece Wolfgang Pauli, o seu conhecimento dos mitos entrelaça-se com o pensamento mais avançado da física. Pauli fica fascinado pelo facto de os arquétipos que emergem do inconsciente individual terem uma ressonância universal comparável às leis do átomo. Nas cartas, Pauli compara o arquétipo ao princípio da indeterminação: ambos são invisíveis, mas reais, e guiam os processos mais profundos da realidade, mental ou física.

Um episódio emblemático ocorre em Praga, durante uma das estadias de Jung em 1923. Um bibliotecário idoso mostra a Jung um livro ilustrado sobre mitos eslavos. Folheando as páginas, Jung pergunta sobre o significado de uma estranha figura metade homem, metade árvore. O bibliotecário responde:

«Este ser não pertence apenas à nossa lenda. É a raiz que liga a terra ao céu.»

Jung recordaria frequentemente essa imagem como um símbolo perfeito da conexão entre a psique e a natureza.

Para Jung, o mito é uma segunda geografia, paralela à externa. Jung escreve:

«Nos sonhos dos meus pacientes, encontro os mesmos deuses e os mesmos monstros que encontrei nas minhas viagens.»

Em Berlim, durante uma conferência em 1928, Jung declara que a psicologia do profundo não pode nascer sem um diálogo com o mundo antigo. Os símbolos do dragão, da árvore cósmica, da grande mãe aparecem tanto nos pesadelos das crianças de Zurique quanto nas lendas transmitidas nas aldeias da Floresta Negra.

Estas raízes mitológicas tornam-se a base de uma troca frutífera com Pauli. Quando Pauli conta a Jung os seus sonhos cheios de números e figuras geométricas, Jung responde com histórias de labirintos antigos, mandalas e lendas que dão forma ao invisível. Jung salienta que o mito não é um conto de fadas, mas o espelho profundo da realidade psíquica.

As investigações de Jung devolvem dignidade ao folclore e à sabedoria antiga europeia. As suas explorações em Praga e Berlim, as conversas com Wilhelm, as anotações nas aldeias e n s suíços constroem uma ponte entre a memória e a modernidade. Juntamente com Pauli, Jung demonstra que, mesmo na era dos átomos e da relatividade, as raízes míticas da alma continuam a alimentar o pensamento e a orientar as grandes questões da humanidade.

Influências em Jung derivadas de Nietzsche, Schopenhauer e da cultura mitteleuropeia.

Quando se observa a colaboração entre Carl Jung e Wolfgang Pauli, assiste-se a um dos encontros mais surpreendentes do pensamento do século XX. Jung, sempre fascinado pelos mistérios invisíveis da alma, encontra Pauli, intérprete das leis profundas do universo físico. O entrelaçamento entre mente e átomo, expresso na teoria da sincronicidade, tem raízes profundas na cultura mitteleuropeia em que Jung se forma e amadurece. O jovem Jung cresce entre a neblina dos Alpes suíços e o fascínio multiétnico da região fronteiriça. São estas atmosferas que moldam a sua visão, aberta ao diálogo entre tradição e inovação.

Nos seus anos de juventude, Jung viaja frequentemente para Viena e Berlim. Viena acolhe os fermentos da psicanálise, com Freud e o seu círculo. Mas Jung já é diferente: Jung procura nos mitos, nos símbolos e na alquimia o que Freud exclui. Em Berlim, Jung frequenta salões literários, ouve debates sobre os mistérios da mente e sobre a revolução quântica. Em 1926, visita o Pergamonmuseum, ficando impressionado com os antigos baixos-relevos babilónicos e as figuras arquetípicas que lá vislumbra.

É neste caldeirão mitteleuropeu que Jung elabora o conceito de inconsciente coletivo. Jung deduz que os símbolos e as imagens que povoam os sonhos têm raízes antigas, pertencentes a um património comum da humanidade.

«Os mitos são a linguagem secreta do inconsciente coletivo»

escreve Jung em *«Tipos* psicológicos», de 1921.

O encontro com Pauli, na década de 1930, em Zurique, ocorre precisamente quando se desenvolve a teoria da sincronicidade. Pauli, físico prodígio e Prémio Nobel em 1945, interessa-se pelas coincidências significativas, essas ligações misteriosas entre eventos psíquicos e materiais que a física clássica não consegue explicar. Pauli, aluno de Niels Bohr, fala com Jung sobre física quântica e indeterminação. Ambos reconhecem no entrelaçamento um mistério semelhante ao dos símbolos que recorrem nos sonhos.

Um episódio emblemático ocorre em 1932, quando Pauli descreve a Jung um sonho em que aparecem imagens de pássaros luminosos. Jung associa o sonho às lendas da Europa Central sobre o Pássaro do Trovão, figura de renascimento e transformação. Jung afirma que:

«O símbolo nunca morre: é a marca que a psique coletiva deixa na história.»

Entre os dois surge uma intensa troca de cartas, que se prolonga por mais de vinte anos. Jung recomenda a Pauli a leitura de Goethe, enquanto Pauli oferece a Jung um livro sobre mecânica quântica. O seu diálogo é alimentado por espíritos como Novalis, poetas românticos alemães e as atmosferas espirituais que a velha Europa ainda guarda.

A colaboração entre Jung e Pauli torna-se o próprio símbolo do espírito da Europa Central: uma mistura viva de filosofia, ciência e espiritualidade. Ao contrário da cultura anglo-saxónica, frequentemente dominada pelo pragmatismo e pela especialização, a Europa Central produz pensadores que gostam de atravessar as fronteiras do conhecimento.

Jung permanece sempre fiel a este espírito. Em 1952, ao publicar o ensaio sobre a sincronicidade, Jung cita explicitamente as raízes filosóficas da sua teoria: de Schopenhauer a Nietzsche, passando pela grande tradição mitteleuropeia da busca do sentido oculto. Ainda em 1957, já famoso em todo o mundo, Jung diz a um jovem aluno:

> *«Só quem conhece os mitos sabe ler a psique. E só quem escuta a psique pode compreender o destino do homem moderno.»*

É nesta rede de influências que a colaboração entre Jung e Pauli encontra a sua verdadeira grandeza. No seu diálogo, a mente encontra o átomo. A sincronicidade torna-se uma ponte entre a profundidade da alma e os mistérios da física. O pensamento mitteleuropeu, rico em tradições e inquietações, oferece assim à humanidade uma nova chave de leitura dos mundos visíveis e invisíveis.

O inconsciente, entre o «Übermensch» nietzschiano e o crescimento do Eu.

As etapas da trajetória intelectual de Jung passam também por Basileia, encruzilhada cultural entre a Alemanha, a Suíça e a França.

De facto, Nietzsche nasceu em 15 de outubro de 1844 em Röcken, uma pequena localidade da Prússia (hoje na Alemanha, perto de Lützen, no estado da Saxónia-Anhalt).

Basileia, cidade suíça, é famosa porque Nietzsche foi professor de filologia clássica na universidade local de 1869 a 1879 e aqui teve muitos contactos importantes que influenciaram a sua obra filosófica. Foi precisamente em Basileia que Jung descobriu Nietzsche. A influência de Nietzsche ocorre através da leitura de *«Assim falou* Zaratustra» e *«O nascimento da tragédia*». Nietzsche fala de forças dionisíacas, de arquétipos, de uma humanidade dividida entre o apolíneo e o dionisíaco. Jung escreve:

> *«Nietzsche compreendeu como poucos o destino do homem moderno, preso entre instintos e cultura, entre caos e forma.»*

O jovem Jung reflete sobre como os mitos, tão queridos a Nietzsche, são chaves para compreender as tempestades emocionais dos seus pacientes.

Quando Carl Gustav Jung conhece Wolfgang Pauli, a história da ciência e da psicologia enriquece com uma época inesquecível. A união entre o pensamento junguiano e a física de Pauli abre portas para universos até então desconhecidos, unindo as « » profundezas do inconsciente aos mistérios da matéria. No centro desta aventura cultural, o nó irresolúvel entre a mente e o átomo toma forma na teoria da sincronicidade, onde o inconsciente coletivo encontra os paradoxos da física contemporânea.

A raiz filosófica de Jung, porém, está enraizada no mesmo terreno fértil que viu florescer Friedrich Nietzsche. Jung cresce numa Europa Central inquieta e culta, moldada por crises espirituais, impulsos artísticos e revoluções científicas. Em Basileia, Jung fica fascinado pela figura do «Übermensch», *o Super-Homem,* e pela coragem de explorar as trevas do ser humano. Jung lê frase após frase e sente ressoar o conceito nietzschiano:

«É preciso ter ainda o caos dentro de si para dar à luz uma estrela dançante» («Also sprach Zarathustra», 1883).

Jung acreditava que o Super-Homem desejado por Nietzsche não era uma figura distante das pessoas comuns, mas um ideal psicológico. Para Jung, o crescimento autêntico do Eu não nasce do domínio dos instintos, mas do confronto com o inconsciente. Nas suas obras, Jung cita frequentemente o processo de individuação. O indivíduo maduro não reprime o caos, mas transforma-o.

O Eu junguiano, semelhante ao Super-Homem, representa o ponto de chegada de uma difícil integração entre consciência e sombra. Jung observa nos sonhos dos seus pacientes imagens que lembram as figuras zarathustrianas: serpentes, heróis, pontes, abismos.

Pauli, já famoso pelo princípio da exclusão e pelas suas intuições sobre a mecânica quântica, enfrenta uma profunda crise pessoal. Ele procura uma explicação para os seus sonhos recorrentes, cheios de símbolos e sequências numéricas. Ele conta a Jung visões que parecem dialogar diretamente com os arquétipos universais, os mesmos que estão no centro das pesquisas junguianas. Jung vê em Pauli não apenas um cientista, mas um herói trágico moderno lutando contra a sua própria sombra, no perfeito estilo nietzschiano.

Jung e Pauli iniciam uma intensa correspondência. Entre as muitas trocas, numa carta de 27 de fevereiro de 1935, Jung escreve a Pauli:

«O inconsciente não é apenas um reservatório de pulsões, mas também uma fonte de sentido, criatividade e metamorfose.»

O eco de Nietzsche faz-se ouvir: a superação do velho «Eu», a descida aos abismos, a transmutação em algo mais vasto.

O diálogo entre a mente e o átomo toma forma na teoria da sincronicidade. Jung define a sincronicidade como:

«a coincidência temporal de dois ou mais eventos não ligados por uma relação causal, mas dotados de um sentido análogo.»

Onde a ciência vê apenas casualidade, Jung e Pauli hipotetizam uma rede invisível que liga a psique e a matéria. Pauli, que cresceu sob a influência de Niels Bohr e Werner Heisenberg em Copenhaga, acha surpreendente que as intuições da física quântica remetam a mistérios internos da alma humana.

Em 1948, Wolfgang Pauli expôs um sonho a Jung.

No sonho, aparece um mandala cósmico, formado por átomos e símbolos cabalísticos. Jung reconhece no mandala um dos arquétipos mais poderosos, capaz de unir o microcosmo (o átomo) ao macrocosmo (o universo psíquico). Segundo Jung, o crescimento do Eu coincide com a descoberta do «Eu», paralelo profundo *ao* «Übermensch» nietzschiano, que se coloca além da fragmentação do eu tradicional.

Jung nunca perde a oportunidade de citar Nietzsche em seus trabalhos. No ensaio *«Símbolos da* Transformação» (1912), Jung enfatiza:

«Nietzsche intuiu que só quem ousa descer aos infernos psíquicos pode esperar um renascimento superior.»

O psiquiatra suíço aplica a lição nietzschiana à análise clínica: a transformação da alma corresponde à superação da antiga dicotomia entre o bem e o mal, entre a racionalidade e a loucura, tal como o Zarathustra nietzschiano nos convida a fazer.

A ligação entre o inconsciente, a sincronicidade e a física quântica enraíza-se assim numa visão do mundo que une ciência, , mitologia e filosofia. Basileia, Zurique, Viena e Berlim continuam a ser os locais simbólicos onde esta aliança germina. Aqui, a linha invisível que une Jung e Pauli entrelaça também os espíritos de Nietzsche, Schopenhauer e dos grandes pensadores da Mitteleuropa.

Ainda hoje, a sua colaboração representa um dos pontos mais ousados da cultura europeia. Entre mandalas e átomos, arquétipos e teorias quânticas, Jung e Pauli mostraram que o crescimento do Eu, semelhante à ascensão do Homem

Transcendente, é o resultado de uma exploração corajosa nas profundezas desconhecidas da alma e da natureza.

Em 1913, Jung vive uma crise pessoal profunda, que ele chama de «confronto com o inconsciente». Nesse período, Jung anota:

«Não posso viver à sombra de nenhum mestre, nem mesmo Nietzsche.»

No entanto, Nietzsche continua a ser uma figura de referência para Jung. Jung reconhece no pensamento nietzschiano a centralidade dos arquétipos e das imagens simbólicas. No texto *«Psicologia e Literatura»*, Jung analisa Zarathustra como manifestação do inconsciente coletivo. Em Eranos, em 1934, Jung aprofunda a ligação entre a visão nietzschiana e o mito.

Schopenhauer, o filósofo da vontade.

Jung descobre Arthur Schopenhauer quando jovem. Jung lê nas obras do filósofo alemão um pensamento radical:

«O mundo é a minha representação».

Schopenhauer fala de uma vontade obscura, cega e universal que move todos os seres. Jung encontra nesta ideia uma antecipação precoce do inconsciente. Schopenhauer descreve o homem como um sujeito atravessado por forças que lhe escapam. Jung valoriza esta leitura. Nos seus cadernos de 1897, Jung anota:

«Schopenhauer intuiu muito da substância obscura da alma».

Jung retomará a ideia de fundamentos psíquicos irracionais nas suas primeiras pesquisas sobre complexos e, mais tarde, nos conceitos de inconsciente coletivo e arquétipo. Além disso, Schopenhauer ama as filosofias orientais. Jung também se aproximará, ao longo dos anos, de textos sagrados indianos e chineses, como *o I Ching* e os *Upanishads*.

Schopenhauer, a Vontade e o entrelaçamento da alma.

Carl Gustav Jung e Wolfgang Pauli dão vida a um diálogo único entre a psique e a matéria. A sua colaboração, tão discutida nos círculos intelectuais de Zurique entre os anos 30 e 50, nasce do terreno comum de uma pergunta inquietante: quais são as forças invisíveis que movem o homem e a natureza? Na viagem que os une, o pensamento de Arthur Schopenhauer desempenha um papel decisivo, muitas vezes subestimado, mas central na construção da «teoria da sincronicidade».

Schopenhauer, filósofo rebelde, publicou em 1818 a sua obra capital, *«O mundo como vontade e representação»*. O jovem Carl Jung, ainda estudante, abordou estas páginas com uma mistura de receio e fascínio.

O psicólogo suíço compreendeu imediatamente que a filosofia schopenhaueriana vai muito além da especulação abstrata. Schopenhauer introduz o leitor a uma realidade feita de profundidades incontroláveis; o homem, segundo o filósofo, não é dono de si mesmo, mas é movido por uma vontade universal e cega.

Essa «vontade», na leitura de Jung, antecipa o próprio conceito de inconsciente. Jung vê a vontade schopenhaueriana como uma força impessoal, profundamente enraizada tanto no indivíduo quanto na coletividade. Jung percebe na frase *«O mundo é a minha* representação» o primeiro vislumbre do que se tornará, anos mais tarde, o seu inconsciente coletivo. As imagens arquetípicas, os sonhos, as visões que Jung observará n , durante as suas sessões em Zurique, são, para ele, o eco dessa vontade não pensada que guia o homem.

Na clínica Burghölzli, em Zurique, onde Jung se dedica às primeiras investigações sobre os «complexos» psíquicos, os casos sucedem-se um após o outro. Jung observa que os sintomas e comportamentos dos pacientes muitas vezes escapam ao controlo da consciência e revelam a presença de «forças obscuras», tal como Schopenhauer tinha escrito no século XIX. Assim, por trás da neurose, Jung vislumbra uma batalha antiga entre a vontade do Eu e a pressão da vontade coletiva.

Wolfgang Pauli, por outro lado, encontra-se no coração da Viena que Schopenhauer tanto influenciou. Pauli, um talentoso físico, amadurece a sua crise ao confrontar-se com a questão do que existe além da racionalidade científica. Quando Pauli se aproxima de Jung para contar os seus sonhos e as suas inquietações, os dois reconhecem imediatamente uma comunhão de sentimentos. Pauli fala a Jung sobre átomos, sobre elétrons que se comportam de maneira aparentemente aleatória. Jung relaciona essas oscilações da matéria às dinâmicas imprevisíveis do inconsciente.

A teoria da sincronicidade nasce exatamente deste encontro entre a «vontade cega» da natureza descrita por Schopenhauer e os novos mistérios da física quântica. Jung escreve, na introdução aos seus estudos sobre a sincronicidade, que:

«A mente e a matéria podem estar intimamente ligadas, refletindo uma realidade mais profunda, não percetível através da mera casualidade.»

De facto, o psiquiatra suíço recupera a lição filosófica de Schopenhauer: existem leis e ordens subjacentes que escapam ao controlo da razão.

Um outro aspeto essencial reside no interesse de Schopenhauer pelas filosofias orientais. Já na primeira metade do século XIX, Schopenhauer lia com paixão os *Upanishads* e aprofundava o budismo. Jung herdou essa paixão. Nos anos da maturidade, Jung dedicou-se ao estudo do I *Ching* e dos textos sagrados indianos, convencido de que a psique ocidental tinha um necessidade e e de reencontrar a conexão com o «mundo como vontade». Em Küsnacht, entre os seus livros preferidos, Jung mantinha o I Ching à mão e confidenciava aos amigos o quanto as intuições do Oriente o ajudavam a compreender os símbolos que emergiam nos sonhos dos pacientes.

No plano pessoal, Jung e Pauli encontram no pensamento de Schopenhauer um terreno fértil para o diálogo, também para abordar os mistérios do acaso e da coexistência dos opostos. Durante as suas conversas, Jung citava frequentemente Schopenhauer para explicar a necessidade de aceitar o não controlo, a tensão entre destino e vontade, entre consciente e inconsciente. O efeito dessa influência pode ser visto numa das cartas mais famosas que Jung enviou a Pauli em 1949: A síntese interpretativa do seu pensamento pode ser:

> *«Assim como a vontade schopenhaueriana precede a representação, da mesma forma o inconsciente precede o Eu e condiciona as suas escolhas.»*

Este é também o ponto em que a física encontra a psicologia, no entrelaçamento: a matéria, tal como a mente, obedece a leis que a consciência humana apenas pode intuir e não dominar totalmente.

Schopenhauer, portanto, não é apenas uma ponte entre o Oriente e o Ocidente. Ele se torna a chave de passagem entre as profundezas da psique e o mistério do universo físico. Sem a sua «vontade», a colaboração entre Jung e Pauli nunca poderia ter dado origem ao diálogo entre o inconsciente coletivo e os mistérios da física que hoje continua a fascinar filósofos, psiquiatras e físicos de todo o mundo.

Jung e a cultura da Europa Central: entre ciência e espiritualidade.

No coração pulsante da Europa Central entre os séculos XIX e XX, Carl Gustav Jung torna-se protagonista de uma época cultural irrepetível. Jung é um observador atento de um cenário intelectual atravessado por inquietações filosóficas, vanguardas artísticas e novas descobertas científicas.

As bibliotecas de Basileia e Zurique são locais sagrados para Jung. Nas suas salas silenciosas, Jung mergulha em textos antigos, lendas e coleções de folclore germânico. Jung acredita que os mitos guardam chaves profundas para compreender a psique humana. Num dos seus diários, Jung anota que o mito é a expressão mais precoce e autêntica da psique humana. Aqui, entre prateleiras empoeiradas e códigos iluminados, Jung redescobre uma dimensão esquecida do conhecimento: a sabedoria escondida nos símbolos, nos sonhos, nos contos das origens.

No início do século XX, Zurique acolhe Jung num clima efervescente de grandes revoluções culturais. A cidade é um cruzamento de pensadores, artistas e cientistas. Jung participa em encontros que reúnem físicos, filósofos e orientalistas. Nestes círculos interdisciplinares, Jung encontra frequentemente personalidades de primeiro plano. Um desses encontros revela-se decisivo: o com Wolfgang Pauli. Pauli estuda a natureza profunda da matéria e coloca a Jung questões que desafiam os limites da psicologia e da física. Assim nasce a famosa teoria da sincronicidade, uma das intuições mais ousadas do pensamento do século XX.

Para Jung e Pauli, o universo não é apenas um conjunto de causas e efeitos. O universo revela conexões misteriosas entre eventos psíquicos e fenómenos materiais. Este «entrelaçamento e o da alma» ultrapassa a dicotomia entre mente e átomo. Jung propõe que o inconsciente coletivo, povoado por arquétipos universais, pode manifestar-se na matéria através de coincidências significativas. Pauli, por seu lado, identifica na física quântica a prova experimental de que a realidade não segue apenas leis deterministicamente previsíveis.

Karl Kerényi.

Há um espaço, muito raro na história do pensamento, em que as grandes questões da física e da psicologia se encontram. Esse espaço toma forma na amizade e na colaboração entre Jung e Pauli. Pauli era o físico que imaginou o neutrino; Jung era o sonhador que deu voz aos abismos do inconsciente coletivo. Juntos, exploraram territórios que a ciência clássica tinha deixado à margem: o acaso, o símbolo, a coincidência carregada de significado.

Mas neste laboratório de ideias, a voz de um terceiro homem impõe-se como indispensável. Karl Kerényi, filólogo de origem húngara, torna-se um interlocutor precioso para Jung. Kerényi, nascido em Temesvár em 1897, traz consigo a profundidade da cultura clássica e a curiosidade do explorador. O seu nome permanece ligado ao renascimento dos estudos mitológicos europeus do século XX.

Kerényi convida Jung a repensar a natureza do mito. Para ele, o mito não é apenas uma herança do passado, um conto arqueológico destinado aos museus da mente. O mito é, segundo Kerényi, algo vivo e pulsante também na modernidade. Quando Jung aceita este desafio, embarca numa viagem às origens dos símbolos que ainda hoje atravessam a nossa linguagem inconsciente.

Em 1941, os dois publicam juntos os *«Prolegômenos ao estudo científico do mito»*. O texto marca uma etapa fundamental na colaboração entre as ciências humanas e a história e s das religiões. Kerényi defende que o mito guarda uma sabedoria coletiva, um código partilhado que transcende o indivíduo. Para Jung, cada relato mítico é o mapa de uma dimensão interior: na Odisseia, como em Hamlet, o herói nunca é apenas uma figura do passado, mas a própria viagem do inconsciente humano.

A colaboração com Kerényi transforma a mitologia numa ciência viva. As antigas histórias de divindades e heróis tornam-se, nas mãos de Jung e Kerényi, instrumentos para descobrir o que acontece na psique contemporânea. Kerényi mostra a Jung como as figuras míticas são portas de acesso à sabedoria coletiva, arquétipos que todo ser humano encontra nos sonhos e na imaginação.

Jung vê essa intuição confirmada também na prática clínica. Um dos episódios mais famosos de sua carreira diz respeito ao sonho do escaravelho real, posteriormente identificado como uma Cetonia aurata. O coleóptero atualmente mais parecido com os antigos escaravelhos sagrados egípcios pousa na janela do escritório. O evento marca um ponto de viragem na terapia. A coincidência entre o sonho e a realidade, o símbolo vivo que invade a cena, quebra a casca da racionalidade e permite que o inconsciente emerja. A partir dessa experiência, Jung desenvolve a sua ideia de «sincronicidade»: a existência de conexões acausais, mas ainda assim significativas, entre eventos psíquicos e acontecimentos externos.

Este caso revela a força dos símbolos que, para Jung como para Kerényi, são a língua antiga do inconsciente coletivo. Jung escreverá:

> *«As coincidências carregadas de significado são mensagens do inconsciente, pontes entre a mente e a matéria.»*

É aqui que a investigação sobre as origens míticas do homem se entrelaça com o mistério da física: Pauli verá na sincronicidade de Jung um eco das simetrias invisíveis que os físicos quânticos percebem na natureza.

Na época, os grandes protagonistas moviam-se entre Zurique, Basileia e a mítica Ascona, no Monte Verità, onde místicos, artistas e pensadores projetavam novas formas de humanidade. No , diálogo entre Jung e Kerényi, entrelaçam-se referências aos poemas homéricos, às tragédias gregas, mas também aos contos das estepes húngaras. Pauli, do frio dos laboratórios de Copenhaga e Princeton, junta-se a esta sinfonia de vozes, com a sua mente penetrante de cientista.

Jung, Kerényi, Pauli: um trio que apaga as fronteiras entre ciência e mito, entre matemática e poesia. A sua aventura lembra-nos que o pensamento humano muitas vezes encontra as suas verdades mais profundas no cruzamento entre histórias antigas e descobertas do espírito moderno. E que, talvez, a sincronicidade não seja mais do que aquele fio misterioso que mantém unidos o átomo e a alma.

O encontro com Mircea Eliade e .

Jung traz consigo a experiência clínica e a reflexão sobre o inconsciente coletivo. Pauli chega forte com as suas descobertas sobre as simetrias atómicas. Cada diálogo parte de uma dupla pergunta: existem leis que regem tanto o mundo interno quanto o externo? É possível que a física do infinitamente pequeno tenha uma correspondência nos símbolos da psique?

A comparação é notavelmente enriquecida pelo encontro com Mircea Eliade. Eliade, nascido em Bucareste em 1907, é considerado o maior historiador das religiões do seu tempo. Durante as suas longas estadias em Zurique na década de 1930, Eliade conhece Jung e influencia o seu pensamento. Eliade defende que o sagrado não é apenas um resquício do passado tribal, mas uma realidade viva, que retorna constantemente nos rituais, nos símbolos e nos contos de todas as culturas.

Jung ficou impressionado com a capacidade de Eliade de rastrear a experiência do sagrado em sociedades distantes no espaço e no tempo. Nos seus diálogos, muitas vezes na casa de Jung em Küsnacht ou durante várias conferências, os dois descobriram uma comunhão de pontos de vista: tanto o psicólogo quanto o historiador reconheciam uma necessidade e e estrutural do homem de encontrar sentido através de imagens, mitos e gestos rituais.

Eliade introduz Jung à ideia de que cada arquétipo é uma janela aberta para o «eterno retorno». O sagrado manifesta-se, afirma Eliade, em todas as latitudes, como repetição criativa de um modelo original. Jung vê nessas ideias a confirmação da sua intuição: as imagens arquetípicas emergem em toda parte e trazem consigo a nostalgia de um sentido perdido. Para ambos, a modernidade ocidental é órfã de mitos e, por isso, está perdida. O pensamento de Jung pode ser resumido assim:

> *«A mente ocidental precisa urgentemente de regressar às raízes do sagrado, para não dissipar o seu próprio sentido.»*

A psique e a realidade, sugere Jung, parecem entrelaçar-se como numa experiência quântica de «entrelaçamento». Não existe mais uma separação nítida entre o interior e o exterior; o sentido nasce no ponto onde se encontram.

A experiência com Pauli, a influência de Eliade, a insistência do mito na cultura europeia dos anos 30 não são simples curiosidades históricas. São o testemunho de uma época que procura pontes entre a ciência e a espiritualidade. Personagens como Jung e Eliade, apesar de pertencerem a mundos diferentes, sentem uma crise comum: a perda de sentido no Ocidente moderno.

No percurso de Jung, a contribuição de Eliade confirma que a nostalgia do sagrado não é apenas uma doença da alma, mas também uma demanda coletiva não ouvida. Nos símbolos do escaravelho, no ritual dos sonhos e nos enigmas da física quântica, Jung e seus interlocutores vislumbram uma esperança: a possibilidade de que o real, em sua imprevisibilidade, continue a falar à mente humana através de mistérios antigos e sempre novos.

A influência da cultura mitteleuropeia molda assim a reflexão de Jung. De Schopenhauer, Jung herda a ideia de uma força invisível — a «vontade» — que atravessa cada indivíduo. Das bibliotecas e dos encontros com Kerényi e Eliade, Jung tira a convicção de que só um diálogo entre ciência e espiritualidade poderá revelar o mistério do homem.

Quando Jung e Pauli debatem sobre a sincronicidade, colocam em cima da mesa as grandes questões da física e da psicologia. Pauli traz a experiência de quem, no laboratório, vê o elétron se comportar de maneira imprevisível. Jung traz os testemunhos dos pacientes, maravilhados com sonhos e coincidências inexplicáveis. Juntos, eles demonstram que o entrelaçamento não diz respeito apenas às partículas, mas também à alma.

A Mitteleuropa da Europa Central do início do século XX não é apenas palco de inovação, mas também berço de um pensamento que procura recompor ciência e mito, racionalidade e mistério. Nesta atmosfera, Jung e Pauli encontram a força motriz para uma colaboração que ainda hoje inspira cientistas, filósofos e estudiosos de todo o mundo.

O legado: tradição e inovação.

Jung não se limita a repetir as ideias dos filósofos, mas transforma-as; ele cria uma ponte entre a análise do sofrimento moderno e o mundo dos mitos. Jung retoma de Schopenhauer a visão do inconsciente como força vital quase cósmica e herda de Nietzsche a liberdade da imaginação, o poder criador do homem, o valor do indivíduo que se mede com a sombra.

Neste jogo de influências, Jung funda uma nova psicologia. Jung torna o inconsciente um espaço não apenas privado, mas coletivo e criativo. O seu pensamento, alimentado pela filosofia, arte e ciência, ainda hoje ressoa como uma das vozes mais originais da inquieta e genial Mitteleuropa.

Jung nunca se limita a repetir passivamente as ideias dos seus mestres. Jung pega na lição de Schopenhauer sobre o inconsciente, que o filósofo descreve como uma vontade cega e cósmica, e transforma-a. Jung enriquece esta conceção, deslocando o inconsciente da esfera individual para a coletiva. Desta forma, Jung introduz no pensamento europeu uma visão que une tradição e inovação.

Igualmente decisiva é a herança de Nietzsche. Nietzsche ensina a Jung o valor da imaginação, o poder criativo que existe dentro de cada indivíduo. Jung também faz sua a ideia do *«confronto com* a sombra», o momento em que cada um deve enfrentar as suas zonas obscuras. Num dos seus diários, Jung escreve:

«Só quem aceita a sua sombra pode descobrir a sua luz.»

Esta convicção leva Jung a conceber o sofrimento contemporâneo não apenas como um distúrbio a ser curado, mas como uma crise que revela possibilidades de renascimento.

Em Basileia e Zurique, Jung não se isola nos seus estudos. Jung frequenta artistas, filósofos, cientistas. Encontra regularmente personalidades como Karl Kerényi, o filólogo que o guia pelos mitos gregos, e Mircea Eliade, o historiador das religiões que o aproxima das tradições orientais. Estas trocas fazem de Jung um autêntico construtor de pontes entre culturas e disciplinas. Para Jung, o inconsciente não contém apenas memórias reprimidas, mas também imagens, símbolos e arquétipos que nos ligam a toda a humanidade.

Quando Jung conhece Wolfgang Pauli, nasce um diálogo sem precedentes entre a psicologia e a física.

Em 1935, precisamente em Zurique, toma forma a ideia de uma correspondência secreta entre o mundo interno da mente e a realidade externa da física. Pauli aceita o desafio de Jung. Pauli reconhece que a mecânica quântica apresenta aqueles fenómenos de «entrelaçamento» em que duas partículas permanecem ligadas à distância, quase demonstrando uma ordem mais profunda do que a simples causalidade. Jung, paralelamente, defende que certas coincidências significativas na vida dos indivíduos não são fruto do acaso, mas fazem parte de um enredo mais amplo que liga o inconsciente e o universo.

Nesta visão, a sincronicidade torna-se o elo perdido entre a experiência subjetiva e a realidade objetiva. Jung questiona a rígida separação entre ciência e espiritualidade, entre o , o mito e a razão. No «Eranos de Ascona», onde se reúnem estudiosos de todo o mundo, Jung apresenta os seus casos clínicos e exemplos de sincronicidade: a paciente que sonha com um escaravelho no momento em que um escaravelho entra no consultório, o matemático que «por acaso» descobre uma solução há muito procurada após um sonho recorrente. Jung afirma que estas experiências não podem ser explicadas apenas pelo acaso, mas são manifestações de um princípio ordenador desconhecido.

O legado de Jung é, portanto, duplo: Jung preserva a profundidade dos mitos antigos, mas transforma-os em instrumentos para ler a crise do homem moderno. Jung traz para o coração da psicologia a inovação da física contemporânea, abrindo-se à hipótese de que mente e matéria, sonho e átomo, são aspectos de uma mesma realidade complexa. A contribuição de Pauli é decisiva: Pauli demonstra que a investigação científica pode e deve dialogar com a imaginação, o símbolo, o inexplicável.

Hoje, muitos estudiosos recolhem esta herança. Nas salas de aula de Zurique, nos congressos internacionais em memória de Pauli, as ideias daquela época renovam-se e confrontam-se com as neurociências, a teoria dos sistemas complexos, as mais recentes descobertas da física teórica. Jung continua a ser uma das grandes vozes da genial e inquieta Mitteleuropa. Jung mostra que a tradição e a inovação, quando bem entrelaçadas, ainda podem ajudar-nos a compreender os mistérios da mente e do universo.

A sombra e a luz.

Em 1920, Jung participa numa série de conferências em Londres, onde conhece filósofos e orientalistas. É precisamente nestes anos que Jung entra em contacto com os textos clássicos da Índia, em particular os Upanishads. Jung anota nos seus diários:

> *«Em cada palavra dos Upanishads sinto o sopro de um conhecimento antigo... uma sabedoria que atravessa o inconsciente coletivo da humanidade.»*

Nos Upanishads, Jung encontra o conceito de Atman, o Eu universal, que ecoa surpreendentemente a sua própria ideia do Eu como centro da interioridade psíquica.

Jung, a espiritualidade e o encontro com o Oriente.

O encontro entre Carl Gustav Jung e as filosofias orientais marca uma virada frutífera na história da psicologia moderna. Jung, explorador da psique e viajante incansável na geografia interior do homem, não se satisfaz com a tradição europeia. Jung sente a urgência de ultrapassar as fronteiras da cultura ocidental para compreender as raízes mais profundas da experiência humana.

Em 1929, chega a virada chinesa. Jung recebe do amigo sinólogo Richard Wilhelm uma cópia do I Ching, o *Livro das Mutações*. Wilhelm, que traduziu para o alemão esta monumental obra da sabedoria chinesa, introduz Jung aos mistérios da adivinhação e do pensamento taoísta. Jung fica fascinado. Jung praticava pessoalmente a consulta do I Ching, aplicando o método dos hexagramas também às suas escolhas de vida e reflexões teóricas.

Um episódio emblemático ocorre precisamente em 1930, quando Jung se encontra nas margens do Lago de Zurique. Jung consulta o I Ching, pedindo conselhos sobre o seu futuro compromisso com a psicologia. A resposta fala de «Sincronicidade». Este termo, que Jung ainda não tinha conceptualizado, impressiona-o profundamente. Só anos mais tarde, graças também à troca de ideias com Wolfgang Pauli, Jung dará forma à famosa teoria da sincronicidade: o princípio segundo o qual eventos psíquicos e fenómenos físicos podem coincidir sem uma relação causal aparente, mas através de um significado comum.

Jung não se limita ao estudo abstrato. Jung viaja para a Índia em 1937 como convidado do marajá de Mysore. Durante a sua estadia, Jung visita templos e participa em discussões com os *pandits*. Nestas conversas, Jung aprecia a ciclicidade do tempo na filosofia indiana: o conceito de *Samsara* e o papel do *Karma*. Jung reconhece na mentalidade oriental uma sensibilidade natural ao símbolo e ao paradoxo, que a mentalidade ocidental muitas vezes negligencia. Numa carta a Heinrich Zimmer, historiador alemão de religiões, Jung escreve:

«A Índia vive o que nós apenas pensamos.»

Jung encontra no I Ching e nos Upanishads uma confirmação das suas intuições sobre as estruturas arquetípicas do inconsciente coletivo. Enquanto o Ocidente procura o sentido na causalidade linear, o Oriente privilegia a ligação secreta, a «coincidência» dos opostos, o ritmo invisível que une todos os fenómenos. Jung vê nisto uma prova da existência de uma mente universal, de redes de significado que atravessam culturas e civilizações.

Não é por acaso que, graças à colaboração entre Jung e Wolfgang Pauli, surge uma visão capaz de colocar em diálogo a física quântica com a sabedoria das tradições antigas. Pauli, leitor atento de alquimia e textos orientais, incentiva Jung a aprofundar cada vez mais. Em 1952, no prefácio da edição alemã do I Ching, editada por Wilhelm, Jung escreve:

«O Livro das Mutações é o texto mais completo que possuímos para compreender a lógica do inconsciente.»

A Zurique dos anos 30 torna-se assim uma pequena capital espiritual europeia, onde mundos e símbolos se encontram. Jung discute o Tao e os mandalas com o pintor Hans Erni, consulta o I Ching com Pauli e medita sobre os arquétipos universais, confrontando-se com filósofos chineses e indianos.

O legado desse diálogo é extraordinário. Jung oferece ao Ocidente um novo acesso à alma do Oriente. Jung mostra que as grandes tradições espirituais não são simples exercícios teológicos, mas representam mapas preciosos para a viagem interior do homem moderno. À pergunta sobre o que é o inconsciente coletivo, Jung responde citando um antigo ditado indiano:

«O que está em baixo é como o que está em cima; o que está dentro é como o que está fora.»

Para Jung, a mente e o átomo, tal como o Oriente e o Ocidente, são polaridades de uma mesma realidade. O que Jung constrói é uma ponte: entre o conhecimento e o mistério, entre a experiência científica e o saber espiritual. Uma ponte que, ainda hoje, convida o leitor culto à pesquisa, à escuta, ao espanto.

A sombra e a luz: Jung na penumbra.

Numa Europa que se prepara para viver as tensões da Primeira Guerra Mundial, Carl Gustav Jung atravessa uma crise existencial de extraordinária intensidade. Estamos entre 1913 e 1916. Jung acaba de romper os laços com Sigmund Freud. Jung encontra-se subitamente numa terra de ninguém espiritual e intelectual. Jung está sozinho, imerso em perguntas sem resposta, suspenso entre a ansiedade de um colapso e a promessa de um renascimento.

Jung decide isolar-se nas margens do lago de Zurique, em Küsnacht, numa villa com um jardim silencioso que dá para as águas frias. Todos os dias, Jung passeia pela margem, anotando sonhos e imagens que emergem do inconsciente. Jung define este período como *o «ataque à racionalidade e à civilização ocidental*». Numa carta à amiga Emma Rauschenbach, Jung escreve:

> *«A minha alma é um hóspede desconhecido, a minha casa é um teatro de sombras.»*

Jung vive visões de rara intensidade. Em novembro de 1913, durante uma viagem de comboio, Jung é atingido por uma imagem aterradora: uma imensa inundação assola a Europa, destruindo cidades e vidas. Jung vê sangue espalhado por toda parte, símbolo de uma era em declínio. Poucos meses depois, a Grande Guerra iria realmente eclodir. Jung questiona-se sobre o significado destas premonições. Jung pergunta-se se o que vê é um simples reflexo pessoal ou a voz de um inconsciente coletivo que anuncia a crise de um continente inteiro.

Nessas semanas, Jung realiza o que definirá como «suas experiências de imaginação ativa». Jung abandona-se a estados de semi-vigília e deixa que imagens espontâneas surjam sem o controlo da vontade. Jung consegue assim dialogar com personagens interiores: Philemon, um velho sábio de asas azuis que o guia nos labirintos da psique; Salomé, a figura feminina sombria e sedutora; Ka, a alma animal e selvagem. Jung escreve:

> *«Estes encontros não são símbolos abstratos, são realidades interiores, mais vivas e poderosas do que qualquer conceito.»*

A villa de Küsnacht torna-se o palco destas viagens. Jung senta-se à sua secretária, rodeado de livros e aquarelas. Todas as noites, Jung ritualiza a transcrição das visões, ilustrando com cores vivas as formas que vê nos sonhos. A sua esposa, Emma Jung, assiste, por vezes com receio, às mudanças repentinas de humor do marido, à sua inquietação. Mais tarde, as filhas de

Jung também relatam o silêncio que envolvia a casa naqueles meses.

Desta descida «à penumbra» nasce uma das obras mais enigmáticas do século XX: o «*Liber* Novus», conhecido como *Livro Vermelho*. Jung compila o Livro Vermelho entre 1914 e 1930. Jung utiliza tinta escarlate em grandes páginas, ilustrando-as com minúcia medieval. Jung constrói assim uma crónica e e da sua exploração do inconsciente, com páginas repletas de visões apocalípticas e símbolos antigos.

O Livro Vermelho permanece escondido durante décadas. Jung só o mostra a alguns íntimos: Toni Wolff, Aniela Jaffé, Marie-Louise von Franz. Wolfgang Pauli, fascinado pela pesquisa de Jung, interpreta essas páginas como uma tentativa de compreender o ponto de contacto entre o universo psíquico e o material. Pauli, físico quântico, procura nas confissões de Jung uma explicação para o mistério da sincronização dos eventos interiores com os exteriores.

Naqueles dias, o clima intelectual de Zurique era marcado por fermentos semelhantes. Dadaístas como Hugo Ball e Tristan Tzara causavam escândalo nos locais da Spiegelgasse, enquanto Rudolf Steiner fundava os encontros de antroposofia. Jung parecia mais isolado, quase um eremita contemporâneo, mas na verdade participava de uma revolução cultural que transformava a relação entre ciência e espiritualidade.

Jung, naqueles anos, também se confronta com a sombra; fala dela como a parte rejeitada de si mesmo e da civilização. Jung escreve:

> *«Ninguém se ilumina fantasiando figuras de luz, mas tornando consciente a sua própria escuridão.»*

E ao penetrar nos recônditos mais obscuros da mente, Jung vislumbra novas possibilidades. Jung capta a unidade secreta que liga dor e criatividade, crise e renascimento.

O lago de Zurique reflete nos seus espelhos de água o movimento contínuo dos pensamentos de Jung. Jung, entre o silêncio das árvores e o pulsar de imagens antigas, descobre que a sombra só pode tornar-se luz se for acolhida. Jung sai profundamente transformado desse isolamento. Jung não é mais apenas médico e pensador, mas torna-se o cartógrafo de um espaço misterioso que viverá no coração da modernidade.

O Livro Vermelho, hoje admirado e estudado por psicólogos, continua a ser um convite a não temer a viagem interior, a considerar as crises e os sonhos como caminhos necessários para descobrir a alma. Nesse estranho entrelaçamento entre a mente e o mundo, Jung ensina-nos que todas as crises, pessoais e coletivas, podem tornar-se um limiar fértil para novas visões do homem e do universo.

O Livro Vermelho: diário de uma descida aos abismos.

O «Livro Vermelho» de Carl Gustav Jung não é apenas um texto, mas uma experiência estética e espiritual na qual a fronteira entre arte, psicanálise e misticismo se dissolve. Jung começa a escrever e ilustrar este extraordinário diário visionário em 1913, em plena crise pessoal, pouco depois da separação traumática de Freud. Jung tem trinta e sete anos. Jung vive nas margens do lago de Zurique, num estado de isolamento e profunda inquietação.

Jung encontra-se no auge de uma crise, a chamada «confrontação com o inconsciente». Todas as noites, Jung senta-se na penumbra do seu escritório, no silêncio interrompido apenas pelo bater das ondas. Jung abandona as defesas da consciência e mergulha no que chama de «imaginação ativa». Neste estado particular, Jung dialoga com imagens, visões e personagens que não reconhece como suas, mas como habitantes do psíquico profundo.

Durante essa exploração, Jung encontra figuras poderosas e simbólicas. A mais conhecida é Philemon, um velho sábio com asas de gaivota azul. Philemon torna-se seu mestre interior, a voz da sabedoria que atravessa os séculos. Jung afirma:

«Filemon representava uma força que não era eu mesmo. Ele ensinava-me».

Ao lado de Filemon aparecem Salomé, encarnação de uma feminilidade sombria e magnética, e Ka, símbolo da natureza instintiva e animal.

O processo criativo do «Livro Vermelho» é único na história da psicologia. Jung não só escreve, mas também pinta e desenha intensamente. À noite, Jung traça arcos de cor nas páginas de um grande caderno com capa de couro vermelho. As imagens estão carregadas de simbolismo: mandalas, dragões, cruzes celtas, serpentes que se enrolam. Jung trabalha com precisão e um m quase monástica, com um estilo pictórico que lembra os manuscritos iluminados medievais.

Cada figura e cada cena tornam-se etapas de um percurso de transformação. No «Livro Vermelho», Jung narra o confronto entre o Ego e a Sombra, a descida aos Inferi interiores e a reconciliação progressiva entre os opostos.

As páginas, ornamentadas com escritas góticas e figuras arquetípicas, oferecem ao leitor moderno o diário de uma verdadeira alquimia psicológica.

As visões que Jung anota muitas vezes antecipam eventos históricos. Em 1913, Jung sonha com uma imensa inundação que devasta a Europa, seguida por um mar de sangue: poucos meses depois, eclode a Primeira Guerra Mundial. Jung questiona-se sobre qual é a fronteira entre a psique individual e a coletiva. Esta questão torna-se uma das raízes da sua teoria dos arquétipos e do inconsciente coletivo.

O sentido das imagens e dos diálogos do «Livro Vermelho» não é apenas pessoal. Jung intui que o que vive no fundo da alma de um homem atravessa milénios e continentes. Escuridão e luz, eros destrutivo e força vital, sabedoria antiga e caos primitivo são forças coletivas que despertam nos mitos, nos sonhos e nos dramas históricos.

Entre 1914 e 1930, Jung trabalha arduamente neste livro. Jung escreve com a caligrafia cuidada dos copistas, intercalando textos em alemão e latim, acompanhados por quadros pintados que hoje são conservados como autênticas obras de arte. Jung mantém o «Livro Vermelho» escondido. Apenas alguns amigos o viram, entre eles Toni Wolff e Aniela Jaffé. Nem mesmo Wolfgang Pauli, que nos anos 30 se tornou interlocutor privilegiado de Jung, pôde lê-lo na íntegra, embora percebesse o quanto a noção mesma de sincronicidade era central naquele tormento interior.

Não por acaso, é precisamente através das visões e diálogos recolhidos no «Livro Vermelho» que Jung fará germinar as suas ideias mais originais sobre o inconsciente coletivo, os arquétipos e a sincronicidade. Numa página, uma figura guia diz a Jung:

«No abismo escuro esconde-se a fonte da criação.»

Estas palavras acompanham Jung quando, anos mais tarde, discute com Pauli os pontos de contacto entre o comportamento aparentemente aleatório dos átomos e os misteriosos entrelaçamentos das nossas experiências interiores.

O «Livro Vermelho» continua, ainda hoje, a ser um documento sem igual. Não é apenas uma autobiografia psíquica, mas um laboratório de símbolos que nos convida a sondar a fronteira entre a ciência e o mistério. Dos desenhos de Jung e dos seus diálogos com figuras imaginárias, emerge uma nova cartografia da alma, onde a psicologia se torna arte e onde cada crise se revela um limiar para a transformação.

O leitor moderno, folheando as páginas repletas de cores e lendo os densos manuscritos góticos, depara-se não apenas com Jung, mas com todo homem que ousa cruzar a fronteira do inconsciente. Quem olha para dentro sonha, quem olha para fora acorda. Mas só quem aceita o desafio de descer às profundezas, sugere Jung no seu Livro Vermelho, pode realmente ouvir a voz secreta da sua alma.

Os estudos e a formação de Wolfgang Pauli.

Breve cronologia.

Wolfgang Pauli nasceu em Viena em 1900, numa cidade que, no início do século XX, era um cruzamento de arte, música e filosofia. Pauli cresceu num ambiente cultural denso: a Viena de Freud, Mahler, Wittgenstein. O pai, Wolfgang Joseph Pauli, era um químico de renome e introduziu o jovem Pauli à ciência. A mãe, Bertha Camilla Schütz, de origem judaica, transmitiu a Pauli uma sensibilidade cultural e literária rara entre os cientistas da época.

Durante a adolescência, Pauli frequenta o prestigiado Döblinger Gymnasium, famoso pela qualidade dos seus professores. Pauli destaca-se imediatamente: aos onze anos já lê tratados de matemática avançada e demonstra um talento precoce para o cálculo e a reflexão abstrata. Em 1918, com apenas 18 anos, Pauli publicou o seu primeiro trabalho científico sobre um tema da teoria geral da relatividade, um tema futurista na época.

Logo após o diploma, Pauli matriculou-se na Universidade de Munique. Aqui conhece Arnold Sommerfeld, um dos pais da física quântica. Sommerfeld reconhece no jovem Pauli uma mente fora do comum. Sommerfeld confia a Pauli a redação de uma entrada crucial sobre toda a teoria da relatividade para a prestigiada «*Encyklopädie der mathematischen Wissenschaften*». Pauli tem apenas 21 anos. O seu texto é considerado pelos contemporâneos *«uma obra-prima de clareza e profundidade»*.

Em 1921, Pauli muda-se para Copenhaga, onde trabalha com Niels Bohr. Bohr, figura carismática e referência para a nova geração de físicos, exerce uma grande influência sobre Pauli. Neste ambiente efervescente, Pauli discute com Werner Heisenberg, Max Born e Pascual Jordan, protagonistas da chamada «revolução quântica».

Em 1925, Pauli formula o princípio da exclusão, a descoberta que marca de forma indelével a história da física moderna. Pauli demonstra que dois eletrões não podem partilhar o mesmo estado quântico no mesmo átomo. Este princípio explica a estrutura da tabela periódica e a estabilidade da matéria. «*Tem de encontrar algo que* exclua», diz Sommerfeld a Pauli, inspirando a genialidade. Poucos meses depois, Uhlenbeck e Goudsmit integram esta descoberta com o conceito de spin. A física dos átomos muda de rosto.

Pauli muda-se para Zurique em 1928, para a Escola Politécnica Federal (ETH). Pauli mergulha nos estudos e forma uma rede de relações internacionais. Pauli é ligado por amizade e profunda estima a Heisenberg, Dirac, Fermi e, posteriormente, a Einstein. Cada troca intelectual estimulava-o a novas perguntas. Pauli é frequentemente considerado o «gênio malvado» da física quântica, pelo rigor crítico com que demolía as ideias dos outros, mas também pela perspicácia com que identificava intuições cruciais.

Em 1930, em resposta a uma famosa crise da física nuclear, Pauli propôs a existência de uma partícula então invisível: o neutrino.

A previsão de Pauli é essencial para explicar a conservação da energia na decomposição beta, embora o neutrino só tenha sido descoberto experimentalmente em 1956.

Pauli também atravessa profundas crises pessoais. Em 1932, a morte da mãe marca a sua vida. Ele casa-se, o casamento fracassa e Pauli entra numa crise existencial que o leva a Carl Gustav Jung. Em Zurique, Pauli submete-se a uma análise junguiana. Pauli conta os seus sonhos, muitos dos quais ricos em simbolismos arquetípicos. Deste diálogo nasce uma colaboração única entre a ciência e a psicologia. Pauli reconhece nos processos da alma dinâmicas semelhantes às dos átomos e sugere a Jung a conexão entre a sincronicidade psíquica e o comportamento subatómico.

Em 1945, Pauli recebe o Prémio Nobel de Física, um reconhecimento pelo *«princípio da exclusão»*. A motivação destaca o seu papel pioneiro na compreensão da estrutura da matéria.

Além de cientista, Pauli foi um filósofo natural. Pauli dialogou com filósofos como Erwin Schrödinger e com o próprio Jung, buscando uma ponte entre matéria e espírito. Pauli é inquieto, nunca satisfeito com respostas lineares. Pauli escreve:

> *«Temos de aprender a pensar de forma complementar, não só na física, mas também na alma».*

Wolfgang Pauli continua a ser um símbolo do homem europeu aberto à complexidade, capaz de oscilar entre a análise implacável da matéria e a busca de significados últimos. Pauli, de Viena a Zurique, de Copenhaga a Princeton, atravessa a história da ciência e deixa um legado inquieto, vivo, pronto para dialogar ainda hoje com os mistérios mais profundos da mente e do átomo.

Pauli, uma personalidade complexa.

Wolfgang Pauli não foi apenas um dos pais da física quântica, mas também uma das personalidades mais complexas e fascinantes da ciência europeia do século XX. Pauli deixou a sua marca não só pelo rigor matemático e pela lucidez das suas descobertas, mas também pela sua inquietação existencial e pela necessidade de questionar a natureza nos seus aspetos mais misteriosos.

Nasceu em Viena em 1900 e cresceu entre a música de Mahler, os quadros de Klimt e as reflexões de Freud e Wittgenstein. Pauli assimilou desde cedo um sentido de «dramatismo» típico do intelectual da Europa Central. O seu pai era cientista, a sua mãe, um , uma intelectual refinada; Pauli vivia num ambiente onde a ciência, a arte e a filosofia se encontravam e se confrontavam.

Desde os anos do liceu no Döblinger Gymnasium, Pauli demonstra uma inteligência precoce e uma certa tendência para a inquietação. Os colegas recordam-no pela sua capacidade de *«ir logo ao cerne da questão, mas sem nunca ficar na superfície»*. Aos dezoito anos, publica o seu primeiro trabalho científico, causando espanto em toda a Viena.

Nos anos em Munique, sob a orientação de Arnold Sommerfeld, Pauli destacou-se pela sua mente brilhante e perspicaz. Sommerfeld disse: *«Pauli não é apenas um génio: é um terramoto»*. Precisamente devido à sua língua afiada e à sua impiedosa honestidade intelectual, Pauli construiu a sua fama de «gênio malvado» da física. Pauli não poupava críticas nem mesmo aos maiores.

Pauli e o seu julgamento incisivo: «Nem mesmo errado!»

No mundo académico circula uma anedota sintomática do caráter de Pauli. Um dia, em Göttingen ou talvez em Zurique (as versões variam de acordo com as memórias), um colega dá uma longa palestra sobre uma nova teoria física. No final, à pergunta esperada sobre comentários, Pauli comenta, com seu espírito cáustico típico: «*Não está nem errado*!» («Not even wrong!»).

Este julgamento, aparentemente paradoxal, reflete plenamente a exigência de rigor que Pauli impunha ao conhecimento científico. Quando Pauli diz que uma teoria «nem sequer está errada», ele quer dizer que ela não está formulada de forma a poder ser submetida a verificação experimental ou refutação lógica, como seria possível fazer se fosse pelo menos «errada».

Uma teoria que não é falsificável não pode, em rigor lógico, ser objeto da ciência. Não basta propor ideias sugestivas: para o físico vienense, uma teoria deve «arriscar» ser refutada pelos dados.

A frase de Pauli é hoje lendária. Nenhum outro julgamento soube resumir com mais ironia a exigência epistemológica da ciência do século XX. Karl Popper, filósofo da ciência, retomará precisamente esta ideia da «falsificabilidade» como critério de demarcação entre ciência e pseudociência.

O próprio Pauli, apesar de ser capaz de visões visionárias quando se deparava com os mistérios da mente junto com Jung, permaneceu fiel a essa disciplina mental extrema. A sua amizade com Jung nasceu justamente de um paradoxo: a busca por uma linguagem comum entre a ciência exata e o enigma da alma, entre a precisão matemática e o símbolo arquetípico.

O lema «nem mesmo errado» permanece gravado nas histórias dos estudantes e colegas. Representa a fronteira não só entre a ciência e a filosofia, mas entre o que pode mudar o mundo e o que permanece puro exercício do pensamento.

A lição de Wolfgang Pauli e a sua famosa frase lembram-nos o quanto o rigor, a ironia e a humildade são essenciais na busca da verdade. Graças ao seu diálogo com Jung – assim como ao seu espírito crítico – Pauli convida-nos a nunca nos contentarmos com teorias confortáveis ou sugestivas, mas a sempre pedir à ciência – e talvez também ao pensamento filosófico – que seja, antes de tudo, vulnerável à dúvida e ao confronto com a realidade. Só assim, entre o entrelaçamento da alma e o do átomo, o conhecimento pode realmente avançar.

Pauli leva o seu espírito crítico também para Copenhaga, onde trabalha com Niels Bohr. Pauli frequenta o famoso Círculo de Copenhaga, discutindo com Bohr, Heisenberg, Born. Pauli reconhece em Bohr um guia, mas mantém sempre a sua independência de pensamento. Pauli é capaz de contestar as teorias mesmo daqueles que considera mestres. Bohr define Pauli:

«Uma consciência da física, por vezes severa até ao excesso».

Porém, por trás do génio esconde-se uma personalidade atormentada. Pauli é atraído pelos abismos do inconsciente. Após a crise pessoal dos anos 30, marcada pelo suicídio da mãe e pelo fracasso do seu primeiro casamento, Pauli começa a analisar os seus sonhos e inquietações. Em Zurique, Pauli procura ajuda junto de Carl Gustav Jung. Jung descreve Pauli como

«um homem dividido entre o rigor da razão e o apelo do mistério».

Durante anos, Pauli contou a Jung centenas de sonhos, povoados por mandalas, figuras alquímicas e símbolos cósmicos. Desta comparação nasceu o que Jung chamaria de «sincronicidade»: a misteriosa correspondência entre eventos psíquicos e físicos, entre mente e matéria, uma espécie de «entrelaçamento da alma».

Pauli também se interessa por filosofia e mística, em particular pelas tradições alquímicas medievais e pelo hermetismo. Pauli frequenta os cafés de Zurique e Basileia, locais onde encontra artistas e filósofos, entre os quais Hermann Weyl e Kurt Gödel. Pauli nunca teme o diálogo entre disciplinas e, por vezes, acompanha Jung nas suas explorações simbólicas pelas paisagens do inconsciente europeu.

A relação de Pauli com a ciência permanece sempre inquieta. Pauli procura uma unidade entre racionalidade e experiência interior. Em 1945, quando recebe o Nobel, agradece com ironia e carinho a todos os «amigos invisíveis» (cientistas, átomos e símbolos) que o acompanharam na sua viagem. Pauli nunca deixa de questionar-se sobre o sentido último das suas pesquisas.

Wolfgang Pauli encarna o destino do intelectual moderno: rigoroso e visionário, cético e místico, capaz de rir das suas próprias obsessões. A sua personalidade, marcada pelo contraste e pela pesquisa, continua a inspirar todos aqueles que tentam compreender a fronteira — sempre móvel — entre a física e a alma.

As origens e as relações familiares.

Wolfgang Pauli nasceu em Viena, em 25 de abril de 1900, num dos períodos mais vitais da história intelectual europeia. A sua família representa perfeitamente a complexidade cultural da Mitteleuropa do início do século XX.

O pai, Wolfgang Joseph Pauli, de origem judaica e checo-morava, era um químico eminente. Em 1898, mudou o seu nome de Pascheles para Pauli, talvez para se integrar melhor no ambiente científico vienense.

Assim, tanto o pai como o filho chamavam-se Wolfgang, mas o pai acrescentava também o segundo nome Joseph.

Na família, para distingui-los, o pai era frequentemente referido como Wolfgang Pauli sénior e o filho como Wolfgang Pauli júnior. Esta partilha do nome reflete uma tradição bastante comum em muitas famílias da Europa Central da época, mas contribuiu desde logo para uma certa curiosidade nos círculos académicos e entre os biógrafos.

O pai leciona na Universidade de Viena e entra em contacto com figuras importantes da ciência, como Ernst Mach. Wolfgang Joseph Pauli cultiva o rigor da investigação experimental e a disciplina do método científico; transmite ao filho o valor da precisão, a importância da observação, mas também o peso das expectativas.

A mãe, Bertha Camilla Schütz, tinha raízes austríacas e um temperamento profundamente humanista. Era jornalista e poetisa, sensível aos grandes temas da literatura e dos direitos civis. Desempenhou um papel ativo na vida cultural de Viena, participando em debates políticos e sociais, simpatizando com as correntes progressistas e pacifistas. Bertha Camilla transmitiu ao jovem Pauli uma curiosidade artística e uma reflexão contínua sobre a dimensão ética da vida.

Wolfgang Pauli cresce, assim, imerso num ambiente onde a ciência dialoga com a cultura e a racionalidade se alia à intuição. Naquela época, Viena era a cidade de Sigmund Freud e Gustav Mahler, de Arthur Schnitzler e Gustav Klimt. Nos cafés da Ringstraße discutiam-se temas como a psicanálise, as novas artes figurativas e a filosofia de Wittgenstein. Este contexto formou uma dupla sensibilidade em Pauli: racional na análise, mas também aberto ao mistério e à dúvida.

O jovem Pauli frequenta o Döblinger Gymnasium, uma escola de elite que conta entre os seus ex-alunos Stefan Zweig e Erwin Schrödinger. Pauli destaca-se rapidamente. Os professores reconhecem a sua genialidade matemática e orientam-no para os desafios da física moderna. Ao mesmo tempo, Pauli mantém um espírito crítico e independente, qualidades que talvez absorva das discussões animadas em família.

Uma lembrança significativa diz respeito aos almoços de domingo: o pai frequentemente envolvia o jovem Wolfgang em discussões científicas, enquanto a mãe introduzia reflexões sobre literatura e questões morais. Este clima despertou em Pauli uma vocação para o pensamento interdisciplinar. Pauli aprendeu cedo que o conhecimento nunca é compartimentado.

No plano pessoal, Pauli também viveu momentos difíceis. A mãe sofria de depressão e suicidou-se em 1927. Este trágico acontecimento marcou profundamente o caráter já inquieto de Pauli, levando-o a questionar-se cada vez mais sobre as relações entre a ciência e a interioridade. Mais tarde, foi precisamente esta dor que o levou a Carl Gustav Jung, em busca de um diálogo entre a física e a psique.

Um detalhe interessante: Pauli tem uma irmã, Hertha Pauli. Ela se tornará escritora, jornalista e será muito atenta às questões de ética e exílio. A presença de Hertha confirma o quanto a família Pauli sempre viveu entre a ciência, a cultura e o compromisso civil. Ambos os irmãos se verão a refletir sobre as grandes crises europeias, a guerra, a identidade judaica e o significado último da existência.

Nos primeiros anos da universidade em Munique, Pauli encontra no professor Arnold Sommerfeld uma figura paterna. Sommerfeld apoia Pauli, mas também exige rigor e empenho constante. Esta nova figura paterna soma-se à influência do pai biológico e contribui para tornar Pauli um pensador exigente, capaz de permanecer sempre suspenso entre a tradição científica e a inquietação humanística.

Assim, entre as paredes da casa dos Pauli e nos salões da Viena fin de siècle, germina a personalidade complexa de um dos mais profundos cientistas e s do século XX. O futuro diálogo entre Pauli e Jung, a teoria da sincronicidade, a comparação entre átomo e alma, têm, portanto, as suas raízes nestas origens: na tensão entre pai e mãe, entre razão e sentimento, entre racionalidade e poesia.

Os primeiros estudos e trabalhos.

Desde a infância, Pauli recebe estímulos simultâneos da ciência e da cultura humanística. O pai, Wolfgang Joseph Pauli, é um químico reconhecido. A mãe, Bertha Camilla Schütz, é uma jornalista e poetisa apaixonada. Esta dupla influência intelectual ajuda Pauli a desenvolver um pensamento sempre suspenso entre o rigor científico e a sensibilidade para as questões filosóficas e morais.

Durante os anos de formação no Döblinger Gymnasium, Pauli destacou-se pelas suas capacidades excecionais em matemática e física. Existem testemunhos de professores que se dirigiam a Pauli como a um igual, consultando-o sobre questões de mecânica racional.

Com apenas 18 anos, em 1919, Pauli publicou um artigo enciclopédico sobre a teoria da relatividade para *a* «*Encyklopädie der mathematischen* Wissenschaften»

(Enciclopédia das Ciências Matemáticas). Não se tratava de um simples ensaio, mas de uma revisão extremamente detalhada, rigorosa e completa do estado da arte da teoria da relatividade de Einstein, com especial atenção tanto à relatividade restrita quanto à geral, então ainda muito jovem como disciplina.

Arnold Sommerfeld, o famoso físico alemão que foi um dos seus mentores (Pauli estudou em Munique sob a sua orientação), salientou várias vezes a excepcionalidade desse trabalho, chegando a defini-lo como «um marco», sobretudo pela maturidade científica demonstrada por um jovem daquela idade.

O ensaio de Pauli destacou-se não só pela clareza, mas também pela profundidade e originalidade das análises, tanto que o próprio Einstein ficou muito impressionado e o recomendou repetidamente a quem quisesse compreender a fundo a sua teoria. Este longo artigo (mais de 200 páginas) tornou-se imediatamente o tratado mais autoritário e utilizado sobre o assunto. De facto, durante vários anos, a obra de Pauli foi o texto de referência mundial sobre relatividade para estudantes, professores e até mesmo muitos cientistas já consagrados. A referência completa deste trabalho é:

*Wolfgang Pauli, **Relativitätstheorie**, Enzyklopädie der mathematischen Wissenschaften mit Einschluss ihrer Anwendungen, Band V, Teil 2, Heft 19, Leipzig: Teubner, 1921, pp. 539–775.*

Nos anos seguintes, o texto foi traduzido para outras línguas (em inglês, por exemplo, com o título *«Theory of* Relativity») e publicado pela *Pergamon Press*. Hoje, para quem estuda a história da física, a «Relativitätstheorie» de Pauli continua a ser uma obra fundamental, tanto pela clareza da sua abordagem como pela sua abordagem crítica e rigorosa.

Esta obra marcou o início da brilhante carreira de Pauli e consagrou-o como um dos maiores físicos teóricos da sua geração, abrindo caminho para as suas futuras descobertas e contribuições fundamentais para a física moderna.

A sua exposição ainda hoje é considerada uma obra-prima de clareza e profundidade. O próprio Sommerfeld confessou ter aprendido muito com o jovem Pauli, apesar de ser seu professor.

Depois de terminar os estudos em 1921, Pauli mudou-se para Copenhaga para trabalhar com Niels Bohr. Bohr liderava um grupo de cientistas visionários, entre os quais Werner Heisenberg, Max Born e Pascual Jordan. Pauli rapidamente passou a participar nos debates mais acalorados sobre as novas perspetivas da física atómica. Em Copenhaga, Pauli vive na pensão de Maria Sloth, frequentemente palco de discussões intermináveis entre jovens estudiosos. Nessas noites, Pauli destaca-se pelo seu espírito crítico. É lembrado como *«a consciência da* física», capaz tanto de demolir ideias fracas quanto de promover intuições revolucionárias.

Em 1925, durante o período na Universidade de Hamburgo, Pauli formula o princípio da exclusão. Numa carta enviada a Bohr, Pauli escreve:

«Deve haver algo que exclui».

Dessa reflexão nasce um dos pilares da física moderna: dois elétrons não podem ocupar simultaneamente o mesmo estado quântico. O princípio da exclusão explica a disposição dos elementos na tabela periódica e a ordem dos orbitais atómicos. Os próprios colegas, como Heisenberg, reconhecem que sem o rigor dos métodos de Pauli, o desenvolvimento da mecânica quântica teria sido impensável.

Em 1930, Pauli vive um momento de forte crise na comunidade científica. Os mecanismos da decomposição beta parecem inexplicáveis. Numa carta aberta, Pauli sugere pela primeira vez a existência de uma partícula desconhecida, o «neutrino», que justifica a conservação da energia. O anúncio chega quase num tom brincalhão:

«Caros radioativos, fiz algo terrível: postulei uma partícula que não se pode ver!».

Pauli, como muitos dos seus contemporâneos, move-se na fronteira entre a coragem intelectual e o humor irreverente.

Durante esta primeira trajetória pública, Pauli já afirma um estilo inconfundível: severo com os erros alheios, generoso em oferecer ferramentas conceituais a uma nova geração de físicos. O próprio Sommerfeld recorda-o como o *«espírito crítico mais refinado da sua era»*. Bohr, por sua vez, define-o como *«o juiz supremo das nossas ideias mais ousadas»*.

As raízes da extraordinária colaboração entre Pauli e Jung estão precisamente nesta primeira etapa de formação e trabalho. A curiosidade insaciável de Pauli, a predisposição para o diálogo entre disciplinas, a capacidade de sustentar a tensão entre rigor e mistério: tudo isso tem origem nos anos da Viena da Europa Central e nos laboratórios de Munique, Hamburgo e Copenhaga. Pauli, já antes do encontro com Jung, procura no coração da matéria as mesmas profundezas enigmáticas que mais tarde explorará na alma.

Um casamento fracassado.

O casamento dos pais de Wolfgang Pauli reflete as tensões da Viena fin de siècle, terra de ciência e poesia, mas também de profundas inquietações individuais. Wolfgang Joseph Pauli, químico de origem judaica, homem influenciado pelo pensamento positivista, procura na racionalidade a chave para compreender o mundo. Bertha Camilla Schütz, esposa e mãe, move-se entre as palavras e as emoções, nas fileiras da literatura, do jornalismo e do compromisso social. Este casal vive sob o peso de duas personalidades difíceis de harmonizar: por um lado, o pai, que acredita no método rigoroso e na objetividade científica; por outro, a mãe, próxima dos ideais progressistas e pacifistas, profundamente sensível às feridas da alma.

A história do seu casamento atravessa as épocas mais conturbadas da Viena do início do século XX. A cidade já é um laboratório social e cultural único. Os salões burgueses fervilham de novas ideias, políticos e artistas discutem à luz dourada dos cafés da Ringstraße, mas dentro das paredes da casa dos Pauli a distância entre os cônjuges cresce lenta mas inexoravelmente. Wolfgang Joseph Pauli mergulha cada vez mais no seu trabalho. Diz-se que o faz também para fugir das dificuldades do diálogo familiar. O pai passa muito tempo nos laboratórios da Universidade de Viena ou nas salas de aula, dedicando pouco tempo aos filhos. Bertha Camilla Schütz, por outro lado, procura refúgio na escrita e nas relações culturais.

Esta separação emocional torna-se mais evidente quando Wolfgang Pauli entra na adolescência. O jovem Wolfgang sente o fosso crescente entre os dois pais. Pauli vive a ambivalência de uma família que já não consegue encontrar um coração unido. Assim, na memória da irmã Hertha Pauli, os silêncios domésticos pesam tanto quanto as discussões. Hertha Pauli conta dos olhares perdidos da mãe, da tensão que se respira antes dos almoços de domingo, quase como se a casa se fechasse em torno do que não era dito.

A crise conjugal atinge o auge na década de 1920, enquanto Pauli amadurece como cientista e como homem. Em 1927, a vida familiar desmorona dramaticamente: Bertha Camilla Schütz decide tirar a própria vida. Este acontecimento marca uma divisão nítida na existência de Wolfgang Pauli. A mãe, tão atenta ao lado humano e espiritual, não suporta mais a solidão e o sentimento de inadequação que a relação com o marido lhe deixou. A sua morte não é apenas uma ferida privada; é o símbolo de uma época que oscila entre o progresso e o desorientamento.

A figura do pai, por outro lado, permanece envolta numa máscara de racionalidade. Wolfgang Joseph Pauli supera a crise dedicando-se ao trabalho, mas o jovem Pauli sente o quanto a sua figura de referência foi desestabilizada. Numa época de grandes mudanças para a física — e para a cultura ocidental —, Wolfgang Pauli encontra-se, portanto, marcado por um núcleo original de instabilidade afetiva.

Este trauma familiar tornar-se-á, conscientemente ou não, um dos motores das futuras pesquisas de Pauli. Nas suas relações com Carl Gustav Jung, muitas décadas mais tarde, o físico confidenciará como a perda e a frustração decorrentes do fracasso do casamento dos pais influenciaram a sua sensibilidade para as questões do subconsciente e do destino. O diálogo com Jung também será denso dessas sombras: a busca pela harmonia entre mente e matéria, entre razão e sentimento, nasce de um antigo desejo de reconciliação vivido de forma traumática na sua infância.

Pauli, na idade adulta, nunca negará as suas origens vienenses e o peso da sua história familiar conturbada. Este passado, impregnado de anos de silêncio e incomunicabilidade, refletir-se-á n , tanto nas suas pesquisas científicas como nos sonhos que confidenciará a Jung. O fracasso matrimonial dos pais de Pauli não foi apenas um drama privado, mas parte integrante da gênese de um dos pensadores mais profundos e inquietos do século XX.

Pauli, briguento, expulso dos bares.

Desde muito jovem, Pauli conquistou fama de espírito crítico implacável. Nos grupos de investigação de Munique, Hamburgo e Zurique, Pauli não tinha medo de questionar as ideias dos colegas, mesmo dos mais influentes. Inúmeras anedotas mostram Pauli como protagonista de piadas sarcásticas e julgamentos lapidares. A sua frase mais famosa continua a ser «*Das ist nicht einmal falsch*!» — «Não está nem errado!». Pauli usa essa expressão para descartar teorias tão descabidas que nem sequer podem ser classificadas como erros. Heisenberg e Born, dois dos maiores físicos da época, temiam os comentários de Pauli mais do que qualquer refutação académica.

Mas o seu espírito crítico não se limita aos encontros científicos. Pauli leva a sua inquietação também para os cafés vienenses e para os locais universitários. Vários episódios contam que Wolfgang Pauli foi expulso de cervejarias, restaurantes e clubes em Copenhaga, Berlim e Zurique. Não era raro Pauli se encontrar no centro de discussões acaloradas, que degeneravam em verdadeiras brigas com estudantes, garçons e donos de bares. Niels Bohr, seu amigo e mentor, tentava várias vezes acalmar seu temperamento. Bohr estava convencido de que:

«Pauli pode destruir uma boa ideia com três palavras e arruinar um almoço inteiro com uma única frase».

O chamado «efeito Pauli» torna-se proverbial: os amigos contam que a simples presença de Pauli parece causar o mau funcionamento dos instrumentos nos laboratórios. A lenda cresce, transformando uma ironia amarga numa verdadeira superstição entre físicos e estudantes. Wolfgang Pauli, por seu lado, se compraz com isso e, por vezes, alimenta o boato, como recorda Otto Stern:

«Quando Pauli entrava no laboratório, era como se os aparelhos sentissem a pressão do seu olhar».

Mas por trás da agressividade nas relações sociais esconde-se uma profunda complexidade psicológica. Pauli tem dificuldade em estabelecer relações afetivas duradouras, parece muitas vezes isolado e alterna momentos de intensa convivialidade com explosões repentinas de raiva ou sarcasmo. Alguns amigos tentam reduzi-lo a uma simples excentricidade de génio. No entanto, quem o conhece bem compreende que a sua dificuldade em conter o pensamento crítico é também uma defesa contra um mundo que ele próprio muitas vezes percebe como hostil ou inadequado à profundidade das suas questões.

O período mais difícil chega entre 1927 e o início dos anos 30. Após o suicídio da mãe, Pauli entra numa espiral de inquietação existencial. O físico frequenta bares e discotecas em Zurique. Várias testemunhas afirmam que Wolfgang Pauli, sob o efeito do álcool, se torna ainda menos tolerante e mais propenso a brigas. Numa noite famosa, ele é expulso de um elegante local de Zurique por causa de uma discussão acalorada com os funcionários e outros clientes. Alguns detalhes desse episódio, pertencentes à crónica local, mostram Pauli enquanto procura, entre um acesso de raiva e uma piada corrosiva, algo mais profundo: um espaço onde se sentir realmente compreendido.

É precisamente destas dificuldades sociais que nasce o seu encontro com Carl Gustav Jung. Consciente de um sofrimento que ultrapassa a esfera puramente racional, Pauli recorre ao psicanalista suíço para enfrentar os seus demónios interiores. Este encontro transforma uma fraqueza numa oportunidade de crescimento. Jung reconhece em Pauli uma sensibilidade particular, pouco comum entre os cientistas. As longas sessões de análise no consultório de Jung permitiram ao físico reinterpretar os seus sonhos e angústias, abrindo caminho para uma das colaborações mais originais entre a psicologia e a física. O lado sombrio, a inquietação e o sarcasmo de Pauli encontraram uma nova dimensão precisamente no diálogo entre o inconsciente e a ciência.

Wolfgang Pauli permanece assim na memória não só como o pai de leis importantíssimas da mecânica quântica, mas também como o símbolo de uma genialidade ferida e complexa, perpetuamente em equilíbrio entre o desafio intelectual e a busca de um lar interior. A sua trajetória nos entrega o retrato de um homem que traz para a ciência todas as contradições, defeitos e profundidades da alma humana.

Outro casamento fracassado.

Em 1929, Pauli, ainda jovem, mas já aclamado na comunidade científica europeia, casou-se com Käthe Deppner, uma bailarina de cabaré de Viena. O episódio do seu casamento foi frequentemente narrado como uma paixão repentina, quase fatal. Pauli estava encantado com o movimento e a leveza de Käthe, qualidades que pareciam compensar a pesada natureza do seu trabalho científico. No entanto, esse idílio revelou-se efémero. O casamento durou apenas alguns meses, pouco mais de um ano. Vários amigos e colegas ficaram surpreendidos com a rapidez com que a união terminou.

Há anedotas que contam como Pauli, durante as noites nos clubes vienenses, era atraído tanto pela música quanto pela atmosfera boémia. Foi precisamente num desses ambientes que conheceu Käthe. A diferença de sensibilidade entre os dois era abismal. Wolfgang Pauli, homem de pensamento rigoroso e físico teórico, procurava na bailarina uma fuga do seu tormento interior. Käthe, pelo contrário, vivia imersa nos ritmos e nas luzes da cena artística vienense. Os conflitos entre eles aumentaram rapidamente. Uma anedota famosa conta que, durante um jantar, Pauli criticou a superficialidade da companhia que a sua esposa frequentava. O resultado foi uma discussão furiosa e a separação definitiva.

O fracasso deste casamento marcou profundamente a alma de Pauli. Em 1930, na sequência de uma profunda crise e l pessoal, Pauli decidiu pedir ajuda dirigindo-se ao consultório de Jung. Na verdade, Jung era um psicólogo de renome. Jung acolheu Pauli no seu consultório em Zurique e descreveu-o como um homem *«dividido em* dois», em busca desesperada de sentido.

Foi graças a essa crise que nasceu uma colaboração destinada a deixar uma marca na história do pensamento. Jung viu em Pauli o símbolo vivo da conjunção entre mundos: a racionalidade da ciência, por um lado, e a profundidade do mito e do inconsciente, por outro. Jung, pensando em Pauli, escreveu:

> *«O encontro entre a psique e a matéria nunca acontece na estrada principal da razão, mas nos caminhos laterais da crise e do sonho.»*

Pauli tornou-se uma das mentes mais brilhantes empenhadas no diálogo com o inconsciente. O segundo casamento fracassado de Pauli, aparentemente apenas um acontecimento privado, foi, em vez disso, uma faísca decisiva. Graças a esta crise, a física quântica e a psicologia analítica encontraram-se, abrindo novas perspetivas sobre o enigma da realidade e da consciência. No fundo, como demonstra a vida de Pauli, mesmo as mentes mais rigorosas podem ser profundamente transformadas pela dança imprevisível da alma.

As razões do fracasso de Pauli com Käthe Deppner podem ser imaginadas. Em primeiro lugar, uma forte diversidade de valores e estilos de vida. Pauli estava profundamente imerso no mundo da ciência, caracterizado pela disciplina mental, seriedade e uma abordagem intelectual rigorosa. Em contrapartida, Käthe estava inserida num ambiente boémio e artístico, mais aberto e despreocupado. Esta profunda diferença de valores e hábitos quotidianos levou a constantes mal-entendidos, tornando difícil encontrar um terreno comum sobre o qual construir uma relação duradoura.

Os frequentes conflitos sociais e culturais também contribuíram muito para isso. Um dos episódios emblemáticos foi uma discussão acalorada em que Pauli criticou abertamente o *meio social* de Käthe, acusando-o de superficialidade e frivolidade. Este confronto sinalizou não apenas uma diferença de gostos, mas uma verdadeira incompatibilidade cultural . Käthe, por sua vez, sentiu-se rejeitada e incompreendida, agravando a distância entre os dois.

Outro papel importante foi desempenhado pela emotividade e instabilidade de Pauli. Naquela época, Pauli estava particularmente vulnerável do ponto de vista emocional. Ele estava a recuperar-se de tensões familiares e da perda da mãe, eventos que já haviam deixado feridas profundas. O casamento com Käthe, em vez de representar um novo começo, trouxe à tona perturbações internas que Pauli não conseguiu controlar, muitas vezes descarregando-as com reações impulsivas ou destrutivas.

As diferentes expectativas sobre a vida a dois e a falta de uma verdadeira comunicação emocional tornavam difícil até mesmo enfrentar juntos os pequenos e grandes problemas do dia a dia. Ambos acabaram isolando-se em seus próprios mundos, sem conseguir construir um vínculo sólido.

O casamento foi imediatamente alvo de rumores e julgamentos negativos tanto do meio científico de Pauli quanto do mundo artístico de Käthe. Essa pressão externa acentuou inseguranças já existentes e alimentou ainda mais tensões entre os dois.

Os desacordos rapidamente se transformaram em discussões frequentes e cada vez mais acaloradas. A relação deteriorou-se rapidamente, passando da tentativa de compreensão mútua à hostilidade aberta. O fim era inevitável, dada a escalada do mal-estar emocional, que nenhum dos dois conseguia mais controlar.

Esses fatores, multiplicados pela fragilidade emocional de Pauli e pela dificuldade de integração entre mundos tão diferentes, levaram o casamento a se dissolver em poucos meses, marcando profundamente a vida pessoal e profissional de Pauli.

As reações dos amigos e colegas.

As reações dos amigos e colegas ao casamento de Pauli com Käthe Deppner foram, em sua maioria, de surpresa e preocupação. Pauli era conhecido como um dos intelectuais mais brilhantes d , rigoroso, racional e profundamente dedicado aos estudos. A escolha de casar com uma dançarina de cabaré, conhecida nos clubes noturnos de Viena, pareceu a muitos que o rodeavam um gesto impulsivo e pouco meditado.

Colegas como Niels Bohr e Werner Heisenberg, que estimavam profundamente Pauli no plano científico, foram apanhados de surpresa pelo acontecimento. A rapidez com que a união terminou – o casamento durou apenas alguns meses, com tensões já evidentes após poucos dias – contribuiu para reforçar a impressão de um erro ditado pelo momento. Conta-se que Heisenberg, um homem de caráter pragmático, tentou consolar Pauli, sem esconder a sua perplexidade.

Alguns amigos mais íntimos notaram o quanto Pauli estava emocionalmente frágil naquela fase, quase fugindo de si mesmo. Emil du Bois-Reymond, um dos seus conhecidos, observou que a vida privada de Pauli parecia um contraste dramático em relação à sua disciplina científica. Muitos dos seus pares temiam que a crise pessoal pudesse comprometer também a sua lucidez científica.

No geral, a breve e tumultuada aventura matrimonial de Pauli suscitou nos seus amigos uma mistura de pesar e apreensão pelo estado emocional do cientista. Esta história levaria Pauli a uma profunda crise pessoal, levando-o finalmente a procurar a ajuda de Carl Gustav Jung, dando assim origem a uma das colaborações mais fascinantes entre a ciência e a psique do século XX.

A centelha de um encontro extraordinário.

Em 1932, Pauli não se dirigiu a Jung, mas a Erna Rosenbaum, uma psicanalista de orientação junguiana (aluna e depois colaboradora de Jung). Na verdade, Jung já era muito famoso e era difícil conseguir contactá-lo diretamente. Só , Pauli começou as sessões diretamente com Jung, pois o material onírico e o interesse suscitado pelo caso levaram Jung a ocupar-se pessoalmente do caso.

Na Viena dos anos 20, Wolfgang Pauli é aclamado pela sua inteligência aguçada e pela sua capacidade de lançar luz sobre os mistérios mais profundos da matéria. No entanto, a sua vida privada é um teatro de paixões, inquietações e escolhas precipitadas. O seu casamento com Käthe Deppner, bailarina de cabaré, é o emblema desse tormento. O casamento dura apenas alguns meses. A união se rompe de forma quase brutal. Os amigos de Pauli lembram como o físico, aparentemente decidido no laboratório, era na vida cotidiana muitas vezes vítima de suas emoções: vulnerável, frágil, exposto às rajadas de todas as tempestades interiores.

A breve e dramática união com Käthe deixa Pauli num estado de prostração. Alguns contam que o homem vagueava por Viena como uma sombra inquieta, incapaz de encontrar conforto tanto na companhia dos amigos como nas ocupações académicas. Naqueles anos, a cidade era um cruzamento de artistas, pensadores e visionários. Nos cafés literários falava-se de Freud e de novos paradigmas; nos círculos científicos discutia-se as revoluções da física quântica. Mas Pauli, apesar da fama, sentia-se excluído de ambas as conversas.

A crise torna-se insustentável. O casamento relâmpago transforma-se num abismo. Pauli procura respostas no fundo de um copo e nas noites sem dormir no quarto de hotel. A dor torna-se tão aguda que até os seus colegas mais racionais, como Niels Bohr e Werner Heisenberg, se perguntam que fim poderá ter a mente que iluminou a física com o princípio da exclusão.

Nesta noite escura da alma, entra em cena Carl Gustav Jung. Jung, o psiquiatra suíço, encontra-se em Zurique. Aqui, por sugestão de Erna Rosenbaum, recebe no seu consultório um homem dividido entre a racionalidade extrema e profundos movimentos do inconsciente. Jung observa Pauli como um e observa uma planta ferida, atingida pelo inverno, mas capaz de mostrar «a flor esplêndida» mesmo quando a raiz está doente.

Jung vê em Pauli o «complexo do homem dividido»: a mente dividida entre o rigor científico e uma zona de sombra, povoada por sonhos, imagens arquetípicas, fragmentos de mitos. O psiquiatra fica impressionado com o facto de ser precisamente da dor que brota em Pauli uma fertilidade intelectual fora do comum. Jung inicia um trabalho analítico que se transformará numa das correspondências mais fascinantes entre a ciência e a psicologia. Nos seus diálogos, Pauli conta sonhos recorrentes: escadas que sobem e descem, animais simbólicos, imagens de átomos e núcleos que se fragmentam e se reformam. Jung anota tudo. Jung vê nestes sonhos «material mais precioso do que qualquer experiência», como escreverá numa carta.

Da terapia ao diálogo: a entrada de Marie-Louise von Franz.

Quando Pauli procura ajuda, Jung intui a complexidade do seu caso. Impressionado com a excepcional profundidade intelectual do físico, decide não seguir o caminho terapêutico clássico. Jung envolve também Marie-Louise von Franz, promissora aluna e futura mestre das relações entre símbolos e matéria, no estudo da psicologia de Pauli. Marie-Louise von Franz tem apenas vinte e quatro anos quando tem o seu primeiro contacto com Pauli.

Em resumo, após a primeira fase com Rosenbaum e Jung, Pauli não foi confiado diretamente a Marie-Louise von Franz. No entanto, von Franz esteve envolvida na elaboração e interpretação dos sonhos de Pauli num âmbito mais amplo, na qualidade de colaboradora de Jung e investigadora, mas não como analista pessoal de Pauli.

Jung, por outro lado, inicia com Pauli um diálogo mais analítico do que terapêutico. Nos anos seguintes, quando a vida os separa, nasce uma densa correspondência e uma conversa que se estende além dos limites s do estúdio – entre Zurique, Viena e Princeton. O objetivo não é apenas a cura emocional, mas uma investigação da própria natureza da realidade.

Jung e Pauli mergulham nos sonhos do físico, verdadeiros «teoremas do inconsciente». Nos relatos oníricos emergem imagens misteriosas: mandalas, hélices duplas, escadas suspensas, átomos em transformação. Jung anota:

> *«Os sonhos de Pauli eram de tal riqueza simbólica que poderiam servir de material para uma dúzia de pessoas.»*

A temporada do encontro entre Jung e Pauli floresce nos anos 30 e 40 em Zurique, no clima efervescente da Escola de Psicologia Analítica. As prateleiras do escritório de Jung estão repletas de textos antigos sobre alquimia e tratados de física moderna. Além de Marie-Louise von Franz, outras figuras também participam do diálogo, como Aniela Jaffé.

Erwin Schrödinger, embora não fosse parte constante das reuniões ou do grupo restrito que gravitava diretamente em torno de Jung, fazia parte daquele ambiente intelectual animado de Zurique dos anos 30 e 40, e as suas ideias eram frequentemente discutidas, especialmente por Pauli, que estava em contacto direto com Schrödinger. O eco dessa colaboração se espalhou rapidamente. Biógrafos de Pauli, como Charles Enz e Karl von Meyenn, destacam o seu alcance, sublinhando como o encontro com Jung levou Pauli a repensar até mesmo alguns fundamentos conceituais da física.

A história de Pauli e Jung conta um passo raro na história do pensamento: aqui a psicologia não é serva da medicina, nem a física serva da matéria. A mente se abre ao átomo e o átomo se faz ouvir pela psique. Como duas partículas «entrelaçadas», destinadas a ressoar juntas além do espaço e do tempo, Jung e Pauli foram os primeiros a dar um nome ao mistério do que nos une, dentro e fora.

Os sucessos científicos de Pauli.

1925 é o ano que consagra Pauli na história da física moderna. Nesse ano, Pauli formula o princípio da exclusão. Esta ideia, tão simples quanto profunda, estabelece que dois eletrões – ou, mais geralmente, dois férmions – não podem ocupar simultaneamente o mesmo estado quântico dentro de um átomo. O princípio da exclusão de Pauli explica a estrutura da tabela periódica, os níveis energéticos dos átomos e a organização química da matéria. Os próprios colegas, entre eles Werner Heisenberg, reconhecem que o princípio de Pauli é a chave para a compreensão da mecânica quântica. Numa famosa recordação, Heisenberg afirma:

«Sem o princípio da exclusão, a física atómica teria permanecido um enigma».

Em 1930, diante do enigma da decomposição beta e do misterioso «desaparecimento» da energia, Pauli fez um gesto muito ousado. Numa carta dirigida aos seus colegas reunidos em Tübingen, Pauli propõe pela primeira vez a existência de uma partícula nova e invisível: o neutrino. Só em 1956, muitos anos depois, o neutrino será efetivamente detetado, confirmando a extraordinária intuição de Pauli.

Os sucessos de Pauli também são fruto do confronto incansável com outras mentes brilhantes. Em Copenhaga, Pauli trabalha ao lado de Niels Bohr e Max Born. Em Zurique e Hamburgo, Pauli dialoga com Heisenberg, Pascual Jordan e Paul Dirac.

Em 1945, Pauli recebeu o Prémio Nobel da Física *«pela descoberta do princípio da* exclusão», consagrando o seu lugar entre os pais da física quântica. O Nobel foi-lhe atribuído enquanto trabalhava em Zurique, cidade que Pauli escolheu como sua pátria de eleição, entre laboratórios, salas de aula e os locais da Bahnhofstrasse. Este local tornou-se o teatro intelectual onde Pauli cultivou, além da ciência, o diálogo com Carl Gustav Jung, marcando assim também a história da psicologia.

Pauli coloca a matemática ao serviço do invisível, procurando na ordem atómica reflexos misteriosos das grandes leis cósmicas. Dirac, a propósito de Pauli, diz:

> *«Pauli era um artista do universo subatómico. Onde via caos, trazia precisão e clareza».*

Os arquivos de Pauli, hoje conservados em Zurique, são uma mina de cartas, notas, críticas e intuições que mostram uma mente inquieta, mas sempre guiada pela busca da verdade.

Wolfgang Pauli ensina que por trás de cada grande conquista científica se esconde um homem em constante luta com os limites da razão, um espírito inquieto que soube, como poucos, iluminar os mistérios do cosmos e da alma.

O Prémio Nobel da Física.

A vida de Wolfgang Pauli é marcada por etapas intelectuais bem definidas. Pauli escolhe Zurique como sua pátria de eleição. Nesta cidade, Pauli sente-se em casa, mas acima de tudo entre pares. Nos laboratórios da Escola Politécnica Federal de Zurique (ETH), Pauli dá o melhor de si. As suas aulas tornam-se lendárias tanto pela clareza como pela severidade com que julga colegas e alunos. À noite, Pauli adora mergulhar nos bares e cafés da Bahnhofstrasse. Aqui, entre um copo e uma conversa animada, Pauli encontra aquele equilíbrio frágil entre a solidão do pensador e a necessidade de companhia.

É precisamente em Zurique que chega a notícia. Estamos no outono de 1945. A comunidade científica anuncia que Pauli receberá o Prémio Nobel de Física graças ao princípio de exclusão. Esta teoria, simples e ao mesmo tempo revolucionária, lança as bases da física quântica moderna. Nenhum elétron pode ocupar o mesmo estado quântico de outro dentro de um átomo. O princípio de Pauli abre caminho para a compreensão da estrutura da própria matéria.

O ambiente está carregado de emoção. Os colegas felicitam-se. Entre eles está também Werner Heisenberg, outro gigante da física, que conta:

> *«Pauli nunca se deixava impressionar pelos elogios. Ele apenas sorriu e voltou a corrigir as suas anotações.»*

A cerimónia do Nobel decorre em Estocolmo, a 10 de dezembro de 1945, no majestoso Konserthuset, a sala de concertos que todos os anos acolhe a elite mundial da ciência. Pauli, como é tradição, recebe a medalha das mãos do rei da Suécia. A cena é solene, quase irreal. O fato escuro, a tensão que se dissolve num sorriso contido. Nas suas memórias, Pauli escreve:

> *«É estranho como a física das partículas leva-nos de uma sala de laboratório para a plateia iluminada de uma capital europeia.»*

Pauli não gostava dos holofotes. No entanto, Estocolmo oferece-lhe a oportunidade de um encontro inesperado com outros Prémio Nobel. Ele conta uma anedota irónica:

> *«Durante o banquete, recomendei a um jovem investigador que nunca confiasse numa teoria sem a ter testado pelo menos três vezes. Um pouco como fazem os diplomatas com os tratados. Todos riram. Eu estava a falar a sério.»*

Após o regresso, Pauli continua a viver em Zurique. Continua a frequentar a ETH, onde mantém relações profundas com estudantes, mas também com filósofos e psicólogos. É em Zurique que Pauli se depara com Carl Gustav Jung. No seu diálogo, a ciência encontra a psique. Aqui entrelaçam-se discussões sobre o princípio da sincronicidade, sobre a realidade do inconsciente coletivo, sobre o mistério da matéria. Marie-Louise von Franz, que acompanha as sessões entre Pauli e Jung, anota:

> *«Pauli trazia a mesma tenacidade das suas demonstrações matemáticas também para a exploração do mundo interior.»*

A figura de Pauli permanece uma ponte entre universos. O Nobel, recebido em Estocolmo num dezembro frio e luminoso, consagra um homem já consagrado nos cafés de Zurique e nos corredores das salas de aula da universidade. A quem lhe perguntou o que sentia ao apertar a mão do rei da Suécia

Ainda hoje, biógrafos como Charles Enz e Karl von Meyenn recordam esta dupla dimensão de Pauli. Homem de e , solitário e de salões, capaz de escrutinar o infinitamente pequeno e de interrogar o invisível da alma. Zurique e Estocolmo viram os seus passos. O seu pensamento, porém, continua a viajar além das fronteiras da física.

Mas a grandeza científica de Pauli não era cega às ambiguidades do real. Justamente nos meses que antecederam o Nobel, sua inquietação pessoal cresceu. O sucesso lhe conferiu prestígio, mas Pauli sentiu isso como um peso. Segundo algumas cartas da época, conservadas na ETH de Zurique, Pauli sentia que «aumentar o conhecimento racional não basta para libertar as sombras da alma». Foi precisamente esta tensão que o levou ao encontro com Carl Jung.

O Nobel de Pauli representa a síntese da inteligência europeia, aquele emaranhado cultural onde a filosofia e a ciência se procuram e se desafiam. Pauli, herdeiro da tradição vienense, dialoga com Jung, filho da Mitteleuropa psicológica. Juntos, tentam colmatar a fratura entre os mundos aparentemente inconciliáveis da alma e do átomo. Se Pauli ganhou o Nobel investigando o invisível no átomo, Jung celebrou o invisível no homem.

O prémio da Suécia não foi apenas uma consagração científica. Foi uma etapa de uma viagem pessoal e cultural. Pauli, como Prometeu, trazia o fogo do conhecimento, mas permanecia inquieto diante do mistério que envolve a matéria e a psique. Talvez por isso o seu diálogo com Jung permaneça tão atual: ele nos lembra que todo progresso científico é também uma tentativa de decifrar os enigmas da existência.

Em última análise, o prémio Nobel a Wolfgang Pauli não foi apenas o reconhecimento de uma descoberta técnica, mas o emblema de uma mente aberta ao mistério. E é precisamente este mistério — a interligação entre o que está dentro de nós e o que acontece fora — que permanece, hoje como então, o ponto de encontro entre a mente, o átomo e a alma.

O efeito Pauli.

O chamado «Efeito Pauli» manifestava-se quando instrumentos de laboratório, aparelhos experimentais e até mesmo máquinas teoricamente impecáveis falhavam ou avariavam repentinamente na presença de Pauli. Segundo a lenda, bastava Pauli entrar numa sala para provocar o mau funcionamento de instrumentos que, pouco antes, funcionavam perfeitamente.

O físico alemão Otto Stern, Prémio Nobel em 1943, contava com uma pitada de ironia que os laboratórios quase tiveram que proibir a entrada de Pauli. Stern, que dirigia o laboratório de Hamburgo, escreveu:

«Após as visitas de Pauli, tivemos que reparar instrumentos que nunca ninguém tinha visto avariar antes.»

O laboratório da ETH de Zurique, onde Pauli foi professor durante quase trinta anos, tornou-se palco privilegiado das manifestações desta «maldição». Pauli não conduzia experiências manualmente, mas os colegas recordam que cada uma das suas visitas era acompanhada por acidentes. O físico suíço Felix Bloch contou que, durante uma visita de Pauli, um acelerador de partículas deixou de funcionar repentinamente. Ninguém encontrou uma causa técnica evidente. Bloch, já inclinado a brincadeiras, batizou esse episódio de «Ein typischer Pauli-Effekt» — um efeito típico de Pauli.

Muito famoso é o episódio de uma tabuinha pendular, projetada com o máximo cuidado na Universidade de Princeton. No dia em que Pauli chegou à cidade para uma conferência, a tabuinha caiu sem motivo aparente. Ninguém conseguiu relacionar a quebra a um erro de projeto ou a uma oscilação de corrente. Os físicos do grupo, incluindo Eugene Wigner e John Archibald Wheeler, resignaram-se com um encolher de ombros:

«Pauli estava na cidade, só podia ser a maldição dele.»

Wolfgang Pauli alimentou de bom grado a lenda. Com sua ironia refinada, ele era o primeiro a rir dessa reputação. Numa carta ao colega Max Born, Pauli contou:

«Nunca me deixem aproximar a menos de vinte metros de um instrumento delicado... se quiserem continuar além da física teórica!»

Não faltavam cientistas supersticiosos que sugeriam enviar Pauli para visitar outros laboratórios rivais para sabotar a produtividade deles. No entanto, o efeito Pauli nunca foi objeto de estudos científicos reais, mas constituiu um pequeno mistério folclórico que os próprios físicos gostavam de cultivar, como antídoto para a seriedade da sua disciplina.

O próprio Pauli, talvez influenciado pela amizade com Carl Gustav Jung, viu na «maldição» um exemplo irónico de sincronicidade. Jung, por seu lado, mencionou o Efeito Pauli em vários escritos, vislumbrando nele uma metáfora da relação entre o inconsciente e a matéria. Nas memórias de Jung, Pauli estava fascinado pela ideia de que o pensamento e a matéria pudessem «comunicar» através destes eventos bizarros, quase paranormais. Jung escreveu:

«Estranhas coincidências acontecem frequentemente em torno de Pauli. Os objetos dobram-se à sua energia psíquica com uma facilidade inquietante.»

Era uma visão poética, mas o fascínio que despertava em ambos era autêntico: a «maldição de Pauli» representava, de forma jocosa e ao mesmo tempo profunda, o entrelaçamento misterioso entre a mente humana e a realidade física.

Wolfgang Pauli tornou-se, assim, uma figura a meio caminho entre o cientista e o xamã do século XX. Zurique e Princeton, dois centros de excelência científica, partilham esta memória. Todos os físicos que tiveram a oportunidade de trabalhar com Pauli contam com um sorriso a sua «própria» história relacionada com o efeito Pauli.

O «Efeito Pauli» sobrevive nos relatos dos cientistas como uma lenda gentil. É o símbolo de uma ciência que, apesar de ter desvendado muitos mistérios do universo, continua sensível ao jogo, ao inesperado e ao enigma. E talvez seja precisamente nesta imprevisibilidade e " " que se esconde toda a força criativa do homem, quer ele explore o inconsciente coletivo, quer trabalhe com elétrons e átomos. A "maldição de Pauli" continua assim a percorrer os corredores dos laboratórios como um aviso silencioso: mesmo onde reina a racionalidade, a realidade permanece surpreendente e misteriosa.

O relógio do universo.

Estamos na Zurique dos anos 30. Wolfgang Pauli, futuro Prémio Nobel e figura-chave da física quântica, atravessa uma crise pessoal. Ele recorre a Jung, buscando no simbolismo do inconsciente uma chave para compreender o sentido da existência. Uma noite, Pauli sonha com um dispositivo extraordinário, um relógio concebido para representar o universo. O relógio, porém, tem engrenagens que se movem de maneira impossível. Algumas giram no sentido contrário, outras encaixam-se em direções opostas. O resultado é que o mecanismo não pode funcionar.

Jung anota o sonho nos seus cadernos. A interpretação não tarda. Jung vê no relógio uma representação da tensão entre ordem e caos, entre matéria e psique. Como no famoso mosaico impossível de Escher, as peças nunca se compõem numa imagem funcional, permanecem separadas, inatingíveis, mas implicadas umas nas outras.

Pauli, impressionado com o poder do sonho, questiona-se. O físico percebe que a realidade não se deixa encerrar numa única linguagem, nem a da matemática nem a da alma. Diz Pauli:

> *«Há um ponto em que a física e a psicologia se tocam, um ponto que exige uma nova ordem entre conceitos opostos».*

Noutras cartas, Pauli sugere que:

> *«é necessária uma linguagem capaz de ligar as experiências interiores aos fenómenos externos».*

Jung escreve a Pauli:

> *«O teu sonho fala-nos da necessidade de uma ponte. Não podemos deixar que a psique permaneça separada da matéria, porque o mundo desmorona-se quando desistimos de procurar uma conexão».*

A cronologia de uma crise criativa.

Em 1932, Pauli vive em Zurique, é professor na ETH e frequenta Jung. Nesses anos, Pauli desenvolve uma sensibilidade rara para temas filosóficos. As suas cartas com Jung, muitas das quais hoje guardadas em Zurique na ETH-Bibliothek, testemunham um esforço intelectual único: encontrar ordem na desordem do mundo, seja ele subatómico, seja ele interior.

Pauli começa a reconhecer a presença de uma «terceira via», um princípio que consegue integrar as dicotomias. O relógio impossível do sonho torna-se o símbolo de uma pesquisa que não diz respeito apenas à ciência ou à psicologia, mas toca a nossa própria ideia de realidade.

O sonho do relógio lembra os desenhos de Escher, onde escadas e perspetivas levam a soluções impossíveis. Mas lembra também o quadro de Magritte, *«O tempo* perfurado», com os seus relógios perfurados e suspensos entre a realidade e o pesadelo. Na filosofia, Heisenberg e Bohr, amigos íntimos de Pauli, confrontam-se frequentemente com os problemas da linguagem e da interpretação. O próprio Pauli é próximo de Erwin Schrödinger. Schrödinger, tal como Pauli, questiona-se se a ordem do mundo é realmente acessível ao homem.

Deste labirinto de engrenagens nasce o conceito-chave de sincronicidade. Pauli vê nos eventos sincronicos um primeiro exemplo de ligação entre os dois lados da realidade. Acontece-lhe — e conta-o a Jung — observar coincidências surpreendentes entre sonhos e factos externos. Estes eventos «acausais» não são explicáveis apenas pelas leis da física, nem nascem apenas e dos meandros do inconsciente: são o ponto em que os dois sistemas se espelham e se reconhecem.

Jung escreve, no ensaio «Sincronicidade como princípio de conexões acausais»:

> *«São as coincidências significativas que sugerem que a mente e a matéria falam uma linguagem comum, ainda desconhecida».*

O poder do sonho de Pauli continua a fascinar físicos e psicólogos. Richard Feynman, muito mais tarde, declararia:

«A natureza nunca é simples. E talvez nem mesmo a matemática seja suficiente. É preciso imaginação, a dos sonhos».

O relógio do universo continua, para Jung e Pauli, uma metáfora da ambição humana de colocar ordem na experiência, mas também um aviso que nos lembra os limites das nossas categorias. Onde a mente e o átomo se encontram, a engrenagem só para de girar se nos rendermos à separação. O desafio, para quem ainda procura, é construir um relógio que funcione de verdade — um em que a psique e a matéria possam finalmente encontrar o seu equilíbrio.

O arquivo de Pauli no CERN.

Wolfgang Pauli nunca trabalhou diretamente no CERN, mas após a sua morte, em 1958, a sua viúva doou ao CERN o seu legado científico, que inclui a vasta correspondência, manuscritos e a sua coleção de livros. O CERN conserva hoje estes documentos preciosos no Arquivo Pauli, numa sala dedicada chamada Pauli Memorial Room («Salle Pauli»). Pauli foi professor na ETH de Zurique de 1928 até à sua morte e, embora o CERN estivesse em fase de fundação nos últimos anos da sua vida (o CERN foi oficialmente fundado em 1954), Pauli não desempenhou funções ativas como físico no próprio CERN. No entanto, o seu pensamento – em particular as suas reflexões sobre simetrias e quebras de simetria, e sobre a alquimia e como metáfora de passagens entre estados do ser – continuou a ser influente no meio científico de Genebra, também graças à conservação e valorização do seu arquivo no CERN.

II. O encontro. Destinos cruzados.

Por que Pauli recorreu a Jung.

O impacto da morte da mãe de Pauli.

A morte da mãe de Wolfgang Pauli em 1927 representou uma divisão profunda, tanto na sua vida pessoal como na sua carreira científica. Este acontecimento traumático, agravado posteriormente pelo fracasso do seu casamento, desencadeou em Pauli uma crise existencial que pôs em causa não só o seu equilíbrio interior, mas também as certezas e os métodos da sua própria atividade científica.

No plano pessoal, a perda da mãe abriu em Pauli uma ferida que a pura racionalidade científica não conseguia curar. A ciência, até então instrumento dominante para compreender e ordenar o mundo, tornou-se subitamente insuficiente para consolá-lo. Esta laceração levou-o a recorrer a Carl Jung, na esperança de encontrar um sentido mais profundo, para além da dimensão lógico-racional da física. Pauli procurava uma saída para aquela «alma sem portas», como ele próprio descreveu num famoso sonho.

No plano científico e intelectual, a crise teve efeitos duplos: desestabilizou-o, mas também ofereceu-lhe a oportunidade de repensar os próprios fundamentos da física. Antes desta crise, Pauli era conhecido pelo seu rigor matemático e pela sua visão lógico-racionalista do mundo. No entanto, ao atravessar a dor e o processo psicanalítico com Jung, começou a reconhecer a importância das dimensões irracionais, simbólicas e até criativas na atividade científica. Os sonhos e símbolos que emergiam n , na análise tornaram-se fontes de inspiração, sugerindo que a realidade não se esgota nos meros dados empíricos, mas inclui também profundidades não imediatamente visíveis.

O impacto do novo casamento do pai de Pauli.

O novo casamento do pai de Wolfgang Pauli representou um elemento adicional de tensão e desorientação na já complicada situação familiar vivida pelo físico. Após o dramático suicídio da mãe em 1927, Pauli teve de lidar não só com a perda de uma figura central na sua vida, mas também com a redefinição das relações familiares, em particular com o pai, Wolfgang Joseph Pauli, um químico conhecido, homem de ciência austero e tradicionalista.

A decisão do pai de se casar novamente foi vivida por Pauli com desconforto e ressentimento. Ele sentiu, como costuma acontecer nesses casos, que a mãe estava sendo de alguma forma «substituída» muito rapidamente, acentuando a sensação de abandono, traição e descontinuidade emocional. A impressão de Pauli era a de uma ruptura irreparável do núcleo afetivo original, com um pai que parecia cada vez mais distante, incapaz de compreender a sua profunda sensibilidade e vulnerabilidade emocional.

Este acontecimento contribuiu, segundo muitos estudiosos da biografia de Pauli, para agravar o seu isolamento interior e o sentimento de solidão. A relação com o pai, já marcada por incompreensões e uma certa dificuldade de comunicação, tornou-se ainda mais complexa. Pauli sentia-se frequentemente julgado segundo os rígidos parâmetros de sucesso e racionalidade paternos, agravando o conflito interno entre o desejo de aprovação e a busca pela autonomia intelectual e espiritual.

As consequências destes acontecimentos familiares não foram apenas emocionais, mas refletiram-se também na sua atividade científica e na sua estrutura de pensamento:

O impacto do casamento fracassado de Pauli com uma bailarina.

O fracasso do casamento de Wolfgang Pauli com a bailarina Bertha Camilla Schütz teve um impacto muito profundo na sua vida pessoal e na sua carreira científica. Pauli casou-se com Bertha em 1929, mas o casamento durou muito pouco: já em 1930 terminou com um divórcio rápido e traumático. Este episódio, que se seguiu pouco depois da morte da sua mãe, agravou o sentimento de desorientação e crise interior que Pauli já estava a viver.

O casamento e o seu fracasso contribuíram para que Pauli desenvolvesse sentimentos de solidão, inadequação e uma clara dificuldade em relacionamentos afetivos. A breve e infeliz ligação com a bailarina foi para ele uma dolorosa confirmação da incapacidade de encontrar equilíbrio na vida privada. Pauli chegou a considerar esta experiência um dos pontos mais baixos da sua existência, tanto que em algumas cartas e testemunhos posteriores se define profundamente perturbado e «à deriva».

A crise resultante do fracasso matrimonial acentuou em Pauli a necessidade de ir além da pura racionalidade e explorar as conexões entre emoção, inconsciente e atividade intelectual. A dor pessoal levou-o a buscar respostas não apenas na ciência, mas também na psicologia profunda. Foi nesse contexto de vulnerabilidade que Pauli recorreu a Carl Gustav Jung, iniciando um intenso percurso de autoanálise.

O encontro que une a alma e o átomo.

A origem da colaboração entre Carl Gustav Jung e Wolfgang Pauli é uma história marcada pelo drama, pela ciência e por um profundo desejo de compreender o sentido da vida. Estamos em 1932, em Zurique, cidade encruzilhada do pensamento europeu e laboratório humano de muitas das maiores revoluções culturais do século XX. Wolfgang Pauli, físico teórico genial, mas também homem ferido, atravessa a porta da clínica de Jung carregando consigo um fardo de dor pessoal. A sua vida privada era marcada por tempestades interiores.

Foi neste cenário que Pauli procurou ajuda na clínica de Carl Jung e foi recebido por Erna Rosenbaum, que imediatamente percebeu a qualidade daquele paciente e o indicou a Jung, já uma figura carismática da psicanálise. Na verdade, Pauli era mais do que um simples paciente. Pauli era um homem dotado de uma sensibilidade extraordinária e um olhar que, do microscópico do átomo, sabia vagar pelas profundezas da alma. Jung também reconheceu a especificidade desse paciente, a ponto de solicitar a colaboração de outra brilhante assistente, Marie-Louise von Franz, uma jovem estudiosa especialista em análise de sonhos, que deixaria uma marca indelével na psicologia analítica.

Marie-Louise von Franz ficou impressionada com a rica produção onírica de Pauli. Os sonhos de Pauli eram complexos, povoados de símbolos que muitas vezes antecipavam visões que o próprio Jung definiria revolucionárias na compreensão do inconsciente coletivo. Jung supervisionava de perto o caso, percebendo que aquele físico atormentado estava a fornecer um material inestimável para o seu próprio trabalho.

Um dos exemplos mais famosos surge do diário de sonhos que Pauli manteve naqueles anos. Numa das notas, Pauli escreve:

«Sonhei que havia uma sala quadrada sem portas...».

Esta imagem, simples apenas na aparência, impressiona profundamente Jung. Para Jung, esta sala fechada representa a condição da alma aprisionada, o bloqueio existencial de quem se sente sem saída. Jung interpreta a sala como um símbolo da psique em busca de abertura, de uma transformação que ainda está por acontecer.

Um homem «dividido em duas partes».

O conceito de «dividido em dois», que Carl Gustav Jung usa para definir Wolfgang Pauli na sua primeira abordagem, é fundamental tanto para compreender a psicologia do físico como para apreciar a profundidade da posterior colaboração intelectual entre os dois.

Quando Jung fala de Pauli como um homem «dividido em dois», ele se refere a uma divisão interna radical entre dois pólos da personalidade de Pauli: por um lado, o racionalista, o cientista rigoroso, devotado à lógica, à matemática, à prova experimental; por outro, o homem inquieto, emotivo, vulnerável, mergulhado numa série de tensões pessoais e conflitos inconscientes.

Para Jung, essa divisão não é apenas uma característica pessoal de Pauli, mas representa uma condição emblemática do homem moderno, em equilíbrio entre a necessidade de controlo racional e a força dos impulsos interiores, muitas vezes obscuros e insondáveis. No caso específico de Pauli, a dor pelo fracasso matrimonial tornou-se o catalisador dessa fratura: a racionalidade, que sempre guiou sua vida científica, não conseguia mais conter a irrupção do inconsciente, feito de sonhos, ansiedades, pulsões, medos e desejos não reconhecidos.

Jung observa que, em Pauli, essa divisão tem implicações tanto negativas quanto positivas. Por um lado, gera sofrimento, desestabilização, desorientação. Por outro, é justamente essa tensão interior que se torna fonte de intuições profundas: da fratura nasce uma possibilidade de transformação, de acesso a dimensões da realidade normalmente excluídas pela racionalidade científica tradicional.

Nos sonhos de Pauli, relatados e analisados por Jung, surgem símbolos dessa divisão: escadas que não levam a lugar nenhum, animais duplos, imagens de cisão, núcleos que se separam e depois procuram uma nova unidade. É o próprio Pauli, numa carta a Jung, que confessa sentir-se «*como se fosse duas pessoas* » e incapaz de fazer com que as suas duas naturezas comuniquem entre si.

Para Jung, reconhecer que se está «dividido em dois» não é um diagnóstico de doença, mas o primeiro passo para uma possível integração: um convite para dialogar com a parte oculta de si mesmo, para aceitar o desconforto como premissa para uma nova síntese interior. No percurso analítico, Jung encoraja Pauli a não temer a sua divisão, mas a ouvi-la, a explorar as suas mensagens simbólicas, a traduzir a crise em criatividade. É nesta dimensão que, no contexto da crise pessoal, se desenvolve também a grande intuição da «sincronicidade», essa misteriosa conexão entre eventos psíquicos e realidade material que nasce precisamente onde a mente racional se abre ao inconsciente.

Em suma, estar «dividido em dois» para Jung significava viver constantemente entre dois mundos — o da razão e o do inconsciente — e aceitar essa condição como uma possibilidade de compreensão mais profunda de si mesmo e da realidade. Em Pauli, essa tensão tornou-se não apenas um drama pessoal, mas também um terreno fértil para uma revolução na abordagem da relação entre ciência, alma e universo.

A evolução interior de Pauli.

Foi precisamente a distância e a dificuldade de diálogo com o pai real que levaram Pauli, no contexto da terapia junguiana, a questionar-se sobre o tema do «pai interior» e as imagens arquetípicas da paternidade, que nos sonhos e nos símbolos frequentemente emergiam de forma conflituosa.

O conflito entre emotividade e rigor racional, acentuado pela relação com o pai e pelas dinâmicas familiares, refletia-se também nos seus estudos, onde Pauli procurava continuamente uma síntese entre lógica e intuição, ciência e espiritualidade.

O novo casamento do pai foi um dos elementos que levou Pauli a aprofundar a sua exploração psicológica e e , em busca de um sentido e de uma estabilidade interior que a ciência por si só já não lhe conseguia garantir.

Destas dores familiares, Pauli retirou, em última análise, um impulso tanto para a introspecção como para a capacidade de dialogar com mundos aparentemente inconciliáveis: o da alma e o da razão. E foi precisamente graças ao confronto com Jung que muitos destes conflitos encontraram uma forma de expressão e reconciliação, deixando na história do pensamento um exemplo raro de integração entre ciência e psicologia profunda.

Durante este primeiro período, Pauli mostrou-se mais aberto às influências intuitivas e simbólicas na investigação e começou a aprofundar o papel do irracional na criatividade científica e nos processos de descoberta. A colaboração com Jung resultou precisamente desta crise e foi em grande parte motivada pela necessidade de compreender e integrar as dimensões emocionais e inconscientes da sua personalidade, que sentia estar em conflito com a sua formação racional e científica.

A experiência do casamento fracassado reforçou em Pauli a consciência de que a ciência não pode ignorar as dimensões mais profundas do ser humano. Isso se traduziu no seu interesse pela relação entre mente e matéria, pelos conceitos de sincronicidade e ordem arquetípica teorizados por Jung e no desenvolvimento de uma concepção mais ampla da realidade, que incluía também o mistério, a criatividade e o inconsciente.

Em resumo, o fracasso matrimonial foi uma das experiências mais dolorosas e formativas da vida de Pauli. Mas foi também o catalisador que o levou a confrontar-se com os seus próprios limites humanos, enriquecendo a sua visão da física com uma nova atenção à complexidade da psique e abrindo caminho para o encontro fecundo entre a ciência e a psicologia.

O primeiro contacto com Jung através das terapias de von Franz levou-o a uma maior abertura a visões não convencionais: Pauli tornou-se mais sensível aos aspetos intuitivos, simbólicos e até místicos da investigação científica. A colaboração com Jung encorajou-o a explorar pontos de e m contacto entre a física e a psicologia, entre a objetividade científica e a subjetividade psicológica.

A experiência da crise levou-o a aprofundar o conceito junguiano de sincronicidade, ou seja, a ideia de que eventos internos e externos podem manifestar-se em paralelo, segundo padrões não causais, mas significativos. Isso ampliou a sua reflexão crítica sobre as leis fundamentais da natureza e sobre a relação entre o observador e o fenómeno observado.

Por fim, Pauli compreendeu a necessidade de reconsiderar os limites da ciência: Pauli amadureceu uma visão mais humilde e ao mesmo tempo mais rica da física, reconhecendo que a realidade contém elementos de mistério que não podem ser reduzidos à análise racional. A sua sensibilidade em relação à dimensão arquetípica e simbólica do conhecimento tornou-se parte integrante da sua reflexão filosófica e da sua atividade científica.

Em resumo, a morte da mãe e a crise existencial transformaram Pauli de um simples «construtor de teorias» num investigador na fronteira entre a ciência e a alma. Isso permitiu-lhe intuir que a verdadeira ciência nasce do encontro entre a racionalidade e a profundidade inconsciente, entre a observação lúcida do mundo e a aceitação do mistério que o rodeia. Desse sofrimento nasceu a capacidade, rara entre os cientistas, de «pensar além» e imaginar novos horizontes para a física, abertos ao diálogo com outras disciplinas e com as profundezas da experiência humana.

A colaboração entre Pauli e Jung tomaria rapidamente um rumo decididamente invulgar, transformando a relação médico-paciente numa extraordinária aliança intelectual. Nos anos seguintes, o material produzido pelos sonhos de Pauli e as suas reflexões encontrariam lugar em escritos famosos e numa densa correspondência, que se tornaria um dos diálogos mais importantes entre a ciência e a psicologia na cultura europeia contemporânea. O próprio Jung cita o caso de Pauli como exemplo do poder transformador do trabalho sobre os sonhos, capaz de conectar a experiência pessoal aos grandes mistérios do universo.

O encontro entre Jung e Pauli é um exemplo de como, às vezes, a dor pessoal pode tornar-se o ponto de partida de uma pesquisa e , interior, que vai muito além do indivíduo. Graças à sensibilidade de Jung, ao rigor científico de Pauli e à intuição clínica de Marie-Louise von Franz, numa clínica às margens do lago de Zurique, lançam-se as bases de uma revolução do pensamento, onde alma e átomo, mente e matéria, finalmente se tocam.

Os sonhos de Pauli.

As principais interpretações dos sonhos de Wolfgang Pauli por Carl Jung e Marie-Louise von Franz representam uma das mais fascinantes interseções entre a psicologia e a física do século XX. Jung e von Franz viram nos sonhos de Pauli uma extraordinária riqueza simbólica e arquetípica, que ia muito além da simples dimensão pessoal, refletindo-se em temas universais e até científicos.

Um dos sonhos mais emblemáticos relatados por Pauli foi o da «sala quadrada sem portas». Para Jung, esta imagem representava um símbolo muito poderoso: a psique aprisionada, a sensação de estar bloqueado sem possibilidade de saída, reflexo da crise pessoal e existencial que Pauli estava a viver. Jung relacionou esta sala com o «Eu» que aguardava uma transformação, uma «quadratura do círculo» espiritual que permitiria a Pauli sair do seu impasse pessoal e intelectual.

Von Franz, por sua vez, enriqueceu a interpretação, observando que o espaço fechado, perfeitamente simétrico, também aludia a uma tensão entre a perfeição geométrica e a falta de abertura ao mundo exterior. Este tema estava intimamente ligado à dificuldade de Pauli em integrar as suas dimensões racionais e intuitivas, científicas e espirituais.

Nos sonhos de Pauli, frequentemente apareciam imagens de mandalas, rodas, formas geométricas complexas, cruzes e quaternidades. Para Jung, esses símbolos eram a representação do Eu, ou seja, o princípio da totalidade psíquica, que busca a harmonia e a integração dos opostos na personalidade. As interpretações de Jung visavam mostrar como a mente de Pauli, refinada pela ciência, estava inconscientemente à procura de estruturas universais, pontos de equilíbrio entre os extremos da existência.

Tanto Jung quanto von Franz notaram muitas correspondências entre os sonhos de Pauli e os símbolos da alquimia, em particular aqueles relacionados à transformação da matéria e da consciência. Nos sonhos, frequentemente surgiam imagens de cadinhos, substâncias que se transmuta, elementos que se combinam e se separam. Jung viu aqui o surgimento do tema da *«coniunctio* oppositorum», a união dos opostos — também central na reflexão filosófica de Pauli sobre a física quântica.

Von Franz salientou que estes símbolos alquímicos eram o reflexo de um processo interior de individuação: Pauli, através da elaboração onírica, estava a percorrer um caminho de autotransformação, paralelamente à forma como a matéria se transforma nas suas reflexões científicas.

Os sonhos de Pauli frequentemente continham figuras arquetípicas. Jung interpretou esses sonhos como a ativação do inconsciente coletivo na mente de um cientista. Segundo Jung, não era por acaso que um homem empenhado em sondar os mistérios do átomo sonhava constantemente com estruturas e imagens de «ordem oculta»; isso testemunhava uma profunda conexão entre o mundo subatómico explorado por Pauli e as grandes estruturas arquetípicas que regem a psique humana.

A influência no pensamento de Pauli.

Estas interpretações não ficaram confinadas ao plano pessoal ou terapêutico. Transformaram profundamente o pensamento de Pauli. O físico começou a ver na sua atividade científica um reflexo das dinâmicas profundas da psique. Pauli foi um dos primeiros físicos a falar abertamente sobre a necessidade de um «tipo feminino de conhecimento», intuitivo, complementar ao espírito analítico, e a considerar o inconsciente coletivo como uma matriz de ordem e significado também na física.

A colaboração com Jung ajudou Pauli a integrar racionalidade e intuição, levando-o a reconhecer que a realidade não podia mente ser reduzida apenas a dados mensuráveis. Este diálogo influenciou a sua reflexão sobre a sincronicidade — a teoria segundo a qual eventos interiores e fenómenos físicos podem coincidir de forma significativa sem ligação causal — e contribuiu para sensibilizar a comunidade científica para a existência de elementos simbólicos e arquetípicos também na descoberta e interpretação dos fenómenos naturais.

Em conclusão, a análise dos sonhos de Pauli por Jung e von Franz não só apoiou o físico numa fase difícil, mas também contribuiu para redefinir as fronteiras entre a ciência e a psique, entre a objetividade e a subjetividade, deixando uma marca indelével tanto na psicologia como na física.

Além da sala quadrada.

Além da sala quadrada sem portas, nos sonhos de Wolfgang Pauli surgiram vários outros símbolos e arquétipos ricos em significado e profundamente ligados não só ao seu percurso psicológico, mas também às suas teorias físicas mais inovadoras.

Mandala e formas geométricas regulares, como círculos, cruzes, quadrados e estruturas de quatro elementos, aparecem frequentemente nos sonhos de Pauli. Segundo Jung, esses símbolos representavam a busca pela totalidade e pela ordem interior. Do ponto de vista científico, Pauli colocava-os em paralelo com as suas tentativas de descobrir simetrias e estruturas universais no mundo da física fundamental, como o princípio da exclusão, que impõe ordem e estrutura à matéria.

Nos sonhos de Pauli também surgiam muitas imagens alquímicas, como a *coniunctio* (união dos opostos) e *o ouroboros* (a serpente que morde a própria cauda). Esses elementos alquímicos representavam o processo de transformação e integração dos opostos. No campo da física, Pauli era fascinado pela necessidade de conciliar polaridades, como on m onda/partícula, matéria/antimatéria, ordem/caos, na formulação das teorias quânticas.

O tema da quaternidade (o quatro) recorre nos sonhos e reflexões de Pauli, tanto como estrutura simbólica (a cruz, o quadrado) quanto em conexão com o desejo de uma teoria física capaz de integrar todas as forças fundamentais. A quaternidade refletia sua aspiração a uma totalidade multifacetada, tanto na alma quanto na natureza.

A árvore e a escada aparecem por vezes nos sonhos de Pauli como expressão do caminho de crescimento espiritual e de «ascensão» para o conhecimento superior. No domínio físico, representam a busca de níveis cada vez mais profundos da realidade, como as estruturas estratificadas da matéria subatómica.

Pauli sonhava frequentemente com figuras como o Velho Sábio, a Grande Mãe, a Alma (o feminino interior) e o Eu. Para Jung, estas eram manifestações dos arquétipos do inconsciente coletivo. Ao acolher esses símbolos, Pauli foi levado a refletir sobre as forças invisíveis que guiam tanto a psique humana quanto os fenómenos físicos, hipotetizando uma relação entre os arquétipos e as «constantes» universais da natureza.

Em sonhos recorrentes de destruição seguida de reconstrução de estruturas, Pauli reconhecia a alternância entre crise e renovação. Isso se refletia nos seus estudos sobre os estados quânticos e as fases de transição da matéria, onde quebras de simetria levam ao nascimento de novos estados ordenados.

Benefícios para a física de Pauli.

Todos esses símbolos e arquétipos não foram vividos apenas como material psicológico: eles influenciaram diretamente a abordagem de Pauli à ciência. Em particular, eles o levaram a reconhecer a importância da intuição e da imaginação na formulação de hipóteses científicas, mas também alimentaram seu interesse pela sincronicidade, onde eventos físicos e psí es podem manifestar conexões significativas, inserindo-se em estruturas simbólicas comuns.

Pauli foi estimulado a procurar nos fundamentos da matéria as mesmas estruturas arquetípicas que encontrava nos sonhos, sugerindo uma correspondência misteriosa entre o mundo interno da psique e a ordem profunda da natureza.

Desta forma, Pauli ofereceu um exemplo raro de integração entre a experiência imaginativa interior e a busca racional do conhecimento científico.

Além da sala quadrada sem portas, Jung e Marie-Louise von Franz analisaram vários símbolos recorrentes nos sonhos de Pauli, fornecendo interpretações profundas que relacionavam o inconsciente individual com os princípios fundamentais da realidade.

Pauli sonhava frequentemente com figuras geométricas simétricas, como círculos inscritos em quadrados ou «mandalas» com uma estrutura de quatro partes.

O mandala.

Quando Carl Gustav Jung abriu as páginas do seu «Livro Vermelho», era 1913. O mundo estava prestes a ser devastado pela Primeira Guerra Mundial, mas Jung estava imerso numa batalha silenciosa, numa introspeção pessoal sob a superfície da racionalidade ocidental. Num dos seus momentos de crise espiritual, Jung começou a desenhar imagens circulares, muitas vezes complexas, que se tornariam o núcleo da sua teoria sobre os mandalas. Não foi uma descoberta isolada, mas a manifestação de uma conexão entre o Oriente e o Ocidente, entre o indivíduo e o universo.

A palavra «mandala» vem do sânscrito e significa «círculo», mas na verdade implica muito mais: centro, totalidade, ordem cósmica. Desde a antiguidade, as culturas da Índia e do Tibete usam mandalas para meditação, oração, representação do universo e dos deuses. No templo de Borobudur, na Indonésia, o maior complexo budista do mundo, um gigantesco mandala em pedra guia os peregrinos através da espiral da vida e da realização. Os monges tibetanos ainda hoje desenham mandalas de areia à mão, com paciência e precisão, para depois destruí-los imediatamente como símbolo da impermanência.

O mandala, portanto, não é apenas forma, mas função, ritual, diálogo entre o homem e o mistério da criação.

Jung descobriu o mandala primeiro nos seus sonhos, depois no mundo material. Ele escreveu em «Memórias, sonhos, reflexões»:

«Todas as manhãs desenhava num caderno uma pequena imagem circular, um mandala... Parecia corresponder à minha situação interior.»

Essas visões circulares apareciam nos sonhos dos seus pacientes, muitas vezes durante crises depressivas ou nas fases mais turbulentas da vida. Jung notou que, precisamente nos períodos de turbulência, nas mentes atormentadas, apareciam estruturas ordenadas e centradas — «mandalas espontâneas», como ele as definia — como se a psique procurasse, quase por si só, recompor-se e reencontrar o centro estável do eu.

Para Jung, o mandala tornou-se a representação suprema do Eu, o princípio unificador da personalidade. O Eu é o centro da psique, mas também o seu todo, o ponto onde as oposições – consciente e inconsciente, razão e sentimento, masculino e feminino – se encontram e se harmonizam. A mandala visualiza o que Jung chama de «processo de individuação», a viagem que cada um faz em direção à plenitude interior.

Jung observou que os mandalas aparecem espontaneamente nas culturas mais diversas, desde os labirintos pré-históricos europeus aos diagramas cabalísticos, dos rosários góticos das catedrais aos escudos decorados dos Zulus. Esta universalidade demonstra, segundo Jung, a existência de arquétipos no nosso inconsciente coletivo, estruturas de sentido que emergem da mente humana em resposta a necessidades profundas e universais. Em «Psicologia e Alquimia», Jung escreve:

> *«O mandala representa um esquema dotado de sentido, uma espécie de fórmula mágica e cósmica que satisfaz a sede de totalidade da alma humana.»*

Uma anedota famosa liga Jung à cidade de Ravenna. Em 1913, viajando pela Itália, Jung visitou a Basílica de San Vitale e ficou impressionado com os mosaicos circulares da cúpula, que representam um paraíso dourado e polifónico. Vários anos depois, Jung sonhou que estava novamente na igreja e via um mandala radiante. Só mais tarde reconheceu essa imagem nos mosaicos da basílica, unindo experiência artística, inconsciente pessoal e património coletivo.

Durante a sua colaboração com Wolfgang Pauli, Prémio Nobel de Física, Jung utilizou frequentemente o simbolismo da mandala para ilustrar a sincronicidade e as misteriosas interligações entre a matéria e a psique. O próprio Pauli, nos seus sonhos, era fascinado por estruturas poliedricas e simétricas, como o «octeto cúbico». Estas imagens, segundo Jung, expressavam a necessidade da mente de perceber uma ordem oculta, a busca de uma trama objetiva entre o caos do microcosmo (os átomos) e o da psique.

O mandala está tão ligado à arte ocidental quanto às ciências modernas. Wassily Kandinsky, pai do abstracionismo, encontrava nas formas geométricas e nos círculos uma forma de expressar forças invisíveis, espiritualidade e equilíbrio. Na arquitetura, os rosetões góticos são mandalas de luz e pedra, janelas através das quais a mente se projeta para o eterno.

Hoje, psicólogos e terapeutas aplicam a técnica do desenho do mandala para ajudar pessoas de todas as idades a reconectarem-se consigo mesmas, reconstruírem a ordem após um trauma, mergulharem nas profundezas da alma. A arteterapia, em particular, redescobriu esta prática antiga, testemunhando mais uma vez quão profunda e inesgotável é a força simbólica do mandala.

Ao longo do seu percurso, Carl Jung entrelaçou o Oriente e o Ocidente, a espiritualidade e a ciência, a filosofia pessoal e a cultura universal. A mandala não é apenas um ícone do seu pensamento, mas um convite a todos nós. Pede-nos para procurar o centro no turbilhão e n m do mundo, para dar sentido ao caos através do símbolo, para recordar que, como escreveu o poeta persa Rumi,

«Em círculo, as danças da vida se encontram, e o centro está em toda parte».

Jung atribuía aos mandalas e a outros símbolos da totalidade um significado profundo tanto para a compreensão da psique individual quanto para a elaboração de sua teoria psicológica geral. Nos sonhos de Pauli, os mandalas apareciam frequentemente como estruturas geométricas ordenadas, centradas e simétricas, que remetiam Jung imediatamente à ideia arquetípica da totalidade e da unidade interior.

Para Jung, a mandala simbolizava a busca pela totalidade, ordem e centro na psique. No caso de Pauli, a mandala representava tanto a tentativa inconsciente de integrar partes opostas da personalidade e estabelecer um equilíbrio interior, quanto a aspiração científica de identificar uma ordem oculta na natureza. Von Franz enfatizou como essa imagem refletia a tensão em direção à unidade entre a racionalidade científica e a intuição simbólica.

Nos sonhos de Pauli, os símbolos mandálicos eram interpretados como manifestações espontâneas do inconsciente que procuravam integrar opostos e conflitos presentes na sua personalidade. Em outras palavras, o aparecimento de mandalas nos sonhos indicava que a psique de Pauli estava envolvida num processo ativo de reequilíbrio e recomposição, voltado para a harmonização de suas componentes contrastantes (razão/emoção, ciência/intuição, etc.).

Jung via nestes mandalas uma confirmação empírica da presença de arquétipos: formas universais que emergem espontaneamente no inconsciente coletivo e individual, servindo como instrumentos de orientação e cura.

A análise dos sonhos de Pauli e a recorrência dos mandalas foram decisivas para Jung em muitos aspetos:

Os mandalas de Pauli reforçaram a ideia de que a psique estava estruturada em torno de figuras arquetípicas, independentes da e u da cultura individual, que guiam os processos de autocura e crescimento interior.

Jung relacionou o aparecimento dos mandalas ao caminho da individuação: o processo psicológico através do qual o indivíduo alcança a totalidade, superando as divisões internas e integrando as partes opostas da sua personalidade.

No diálogo com Pauli, Jung viu como símbolos nascidos do inconsciente individual (como os mandalas nos sonhos de um cientista) podiam refletir estruturas universais também presentes na natureza. Isso sugeria uma profunda afinidade entre as ordens da psique e as do mundo físico — um ponto de contacto entre a psicologia e a ciência.

Por fim, as interpretações junguianas dos mandalas mostraram que a busca pela unidade e totalidade não é apenas uma questão espiritual, mas uma dinâmica psíquica fundamental e universal, presente em todos os seres humanos.

Em última análise, os mandalas nos sonhos de Pauli forneceram a Jung uma demonstração concreta de sua ideia de que a psique tende espontaneamente para a totalidade e a integração. Essas experiências reforçaram a centralidade da simbologia da totalidade em seu pensamento, influenciando profundamente os conceitos de individuação, arquétipo e integração dos opostos — pilares da psicologia analítica junguiana. Além disso, essa troca contribuiu para aproximar a psicologia e a ciência, sugerindo que as leis do inconsciente e as da natureza podem refletir-se mutuamente.

O Ouroboros

Para Jung, o símbolo nunca foi um simples ornamento, mas uma ponte entre o consciente e o inconsciente, entre o indivíduo e a totalidade. Um dos símbolos que Jung considerou mais poderoso foi o Ouroboros, a serpente que morde a própria cauda. Este desenho antigo percorre a história da humanidade, desde a iconografia egípcia, passando pelos tratados de alquimia e pel s medievais, até aos modernos laboratórios de física. Mas é no encontro entre Jung e o físico Wolfgang Pauli que o Ouroboros se torna uma figura-chave da sincronicidade, onde a mente encontra a matéria.

O nome «Ouroboros» deriva do grego antigo: «oura» (cauda) e «boros» (devorar). A serpente que se enrola sobre si mesma e se devora já aparece nas tábuas egípcias da época de Tutankhamon, há mais de 3000 anos. Madame Blavatsky, teosofista do final do século XIX, escreve que:

«O Ouroboros representa a natureza cíclica do universo: tudo nasce, se consome e depois se regenera».

Na alquimia, a serpente que morde a própria cauda representa o ciclo eterno da matéria: dissolução e renascimento, morte e ressurreição, caos que se transforma em ordem. Nos laboratórios dos mestres alquimistas europeus, o Ouroboros aparece nas margens de manuscritos ilustrados, como no famoso tratado *«Chrysopoeia de* Cleopatras», onde a inscrição *«o Um é o* Todo» circunda a serpente. Paracelso, médico, alquimista e filósofo do século XVI, tinha um selo com um pequeno Ouroboros gravado na pedra negra do seu anel.

Quando Jung começou a trabalhar no Livro Vermelho (a partir de 1913), ele se deparou várias vezes com a imagem do Ouroboros. Jung interpreta o Ouroboros como uma manifestação do arquétipo da totalidade e como uma poderosa representação do eu que se regenera incansavelmente através das suas próprias «mortes» simbólicas. Em «Psicologia e Alquimia», Jung afirma:

«O Ouroboros é um símbolo dramático da integração e da autofecundação, o mistério do ciclo eterno do devir.»

Jung vê no Ouroboros a representação de um processo psíquico. Segundo Jung, a psique se regenera continuamente através de crises e transformações. A pessoa confronta-se com a sombra, toca o fundo da sua existência e, a partir daí, renasce. Neste ciclo, Jung reconhece o tema central da individuação, a viagem de crescimento rumo à totalidade.

Durante a análise, Pauli conta um sonho: uma amêndoa luminosa, dentro da qual giram duas serpentes entrelaçadas, uma clara e outra escura, que mordem a cauda uma da outra. Jung reconhece imediatamente a dupla valência do Ouroboros: matéria e espírito, luz e sombra, ondas e partículas.

Durante a colaboração, Jung compreende que as visões de Pauli – densas em imagens alquímicas – refletem a tentativa da psique de encontrar uma estrutura que conecte os paradoxos. Pauli vê na física os processos complementares; Jung, na mente, uma tensão semelhante entre opostos. Ambos se confrontam com a simultaneidade dos fenómenos: a sincronicidade, ou seja, a presença de uma conexão significativa entre eventos aparentemente desconexos, assim como uma partícula subatómica pode estar em dois estados simultaneamente.

Na correspondência entre os dois, a figura do Ouroboros aparece frequentemente como metáfora. Pauli escreve:

«Para mim, o Ouroboros ilustra não só os ciclos da matéria, mas o eterno retorno da pergunta na mente, a curiosidade que não conhece fim e, ao mesmo tempo, a impossibilidade de separar o observador do observado.»

O Ouroboros também vibra na ciência moderna. Em 1950, o bioquímico britânico Frederick Sanger recebeu o Prémio Nobel por decifrar a estrutura da insulina: uma das proteínas mais importantes da vida, cuja cadeia se fecha sobre si mesma num anel. No seu discurso de agradecimento, Sanger cita a «*serpente que morde a própria* cauda» como metáfora da estrutura cíclica e autocontida da molécula.

Na literatura, Jorge Luis Borges faz referência ao Ouroboros no conto *«A Biblioteca de* Babel» (1941), onde o universo — tal como a serpente — não tem início nem fim, mas repete-se infinitamente.

No filme *«2001: Odisseia no* Espaço», de Stanley Kubrick (1968), a nave espacial na órbita final transforma-se numa verdadeira versão tecnológica do Ouroboros, com a estação orbital « » a dar uma volta eterna na sua trajetória, simbolizando o ciclo da vida, do conhecimento e da evolução.

Na filosofia de Jung, o Ouroboros é muito mais do que um símbolo antigo. O Ouroboros é a chave do inconsciente coletivo: mostra o drama eterno da transformação, a interligação entre matéria e mente, entre o espírito individual e as leis do universo. O encontro com Wolfgang Pauli permitiu a Jung ver o Ouroboros também nos átomos, nas órbitas subatómicas, nos mistérios da física.

Assim como o Ouroboros se renova devorando a si mesmo, também o nosso conhecimento continua a renascer do eterno retorno da pergunta, da pesquisa, do mistério.

Para Jung, o Ouroboros representa a ciclicidade, a unidade dos opostos e o eterno retorno: uma totalidade em si mesma autossuficiente. Von Franz relacionou esta imagem tanto aos processos de transformação psíquica (morte e renascimento do eu) quanto à estrutura da matéria, na qual as partículas aparecem e desaparecem numa dança cíclica, remetendo às simetrias e aos ciclos presentes na física quântica.

A «Coniunctio».

Jung via na alquimia muito mais do que uma protoquímica medieval. Jung considerava a alquimia uma metáfora poderosa dos processos inconscientes. Entre os símbolos mais fascinantes para Jung estava a «coniunctio», que significa união. Esta união, segundo a tradição alquímica, nunca era banal. A «coniunctio» envolvia opostos universais: masculino e feminino, luz e sombra, espírito e matéria. Jung dedicou décadas à análise deste tema.

A «coniunctio» nasceu nos laboratórios dos alquimistas medievais. Os alquimistas tentavam transformar metais vulgares em ouro. Na realidade, muitos deles procuravam a transformação do espírito humano. No *«Rosarium* Philosophorum», publicado em na Alemanha em 1550, aparece a famosa imagem do Rei e da Rainha abraçados no albedo, as *«núpcias químicas»*. Os textos usavam frequentemente uma linguagem hermética, falando de *«casamento* sagrado», *«figura* hermafrodita» ou *«união do sol e da lua»*. Este imaginário atravessa séculos e culturas. Também na China taoísta existe o símbolo do *Taijitu,* conhecido como *Yin e Yang:* dois princípios que se completam, mas permanecem separados.

Jung descobriu a coniunctio não apenas nos livros, mas também nos sonhos dos seus pacientes. Muitas vezes, durante crises interiores, o inconsciente gera imagens de união entre opostos. Jung escreve:

> *«Quando o sonho mostra a coniunctio, não se trata de um simples acordo entre dois elementos. O sonho mostra a tensão e o conflito que preparam o surgimento de algo novo e mais vasto».*

Entre os episódios mais conhecidos está o de um dos seus pacientes, um físico suíço que sonhava com uma figura masculina e uma feminina que se fundiam sob a luz de um amanhecer ofuscante. Jung interpretou esses sonhos como um sinal de que a psique estava à procura de equilíbrio. A mente não pode ser saudável sem uma reconciliação das suas polaridades. Em muitas lendas antigas, o mito do Andrógino — o ser que possui ambos os sexos — representa precisamente essa plenitude total.

Para Jung, a coniunctio era a chave da sua teoria da individuação. A individuação é o processo através do qual o homem realiza o seu Eu, integrando as partes inconscientes da sua psique. Jung acreditava que a união dos opostos não apagava os contrastes, mas os mantinha numa tensão criativa. O Eu define-se não na perfeição, mas no diálogo entre os lados opostos da personalidade.

Jung foi influenciado pela descoberta da complementaridade quântica. Era a época em que Wolfgang Pauli, seu colaborador, explorava a dualidade onda-partícula. Para Pauli, um eletrão pode ser tanto uma onda quanto uma partícula. Jung via na física uma representação exterior dos processos psíquicos. Quando Pauli mostrava a Jung os seus sonhos cheios de símbolos duplos – como o quadrado dentro do círculo, a cobra branca e preta – Jung encontrava a confirmação de que o inconsciente funciona por polaridade.

Durante esses diálogos entre Jung e Pauli, nasceu o conceito de sincronicidade. Não se trata simplesmente de coincidências fortuitas. A sincronicidade indica uma ligação acausal, mas significativa, entre eventos externos e estados internos.

Também aqui se percebe a coniunctio: a matéria e a psique não são mundos separados, mas tendem a unir-se onde há sentido. Este conceito é central na famosa conferência proferida por Jung em Zurique em 1951, *«Sincronicidade: um princípio de conexões acausais»*.

A conferência foi proferida por Jung em Zurique, em 29 de julho de 1951, durante a reunião anual da Eranos Tagungen. Este congresso, que se realiza nas margens do Lago Maggiore, foi um ponto de encontro entre disciplinas heterogéneas e personalidades como Mircea Eliade, Henry Corbin e Gershom Scholem. Neste ambiente culto, Jung apresentou a sua visão revolucionária: ao lado da causalidade clássica existe um princípio «acausal» que ele chamou de sincronicidade.

Jung contou na ocasião a famosa anedota da sua paciente racional, presa numa racionalidade estéril, que lhe contou um sonho em que recebia um raro besouro dourado. Nesse exato momento, Jung ouviu batidas na janela: um coleóptero dourado, muito raro naquela região, estava a bater contra ela. Este acontecimento, sem causalidade, mas rico em significado subjetivo, tornou-se para Jung a demonstração viva da sincronicidade. A psique da mulher e o mundo material pareciam ressoar em harmonia.

Pauli, interessado em mecânica quântica e nos enigmas da física moderna, reconheceu na sincronicidade uma ressonância com as bizarrices do entrelaçamento quântico. Nessa teoria, duas partículas muito distantes podem sentir uma a outra sem troca de sinais clássicos, como se existisse uma ponte secreta entre mundos separados. Pauli escreveu a Jung que

> *«Não é apenas a mente que é misteriosa, mas também a matéria.»*

Na sua colaboração, Jung e Pauli encontraram afinidades na arquitetura dos sonhos e nas estruturas atómicas: ambos viam nelos símbolos, configurações recorrentes que desafiam a pura casualidade. Pauli forneceu a Jung centenas de sonhos importantes. Estes foram analisados e discutidos para procurar núcleos de sentido, «mandalas interiores» e simetrias simbólicas, ligando-os às imagens arquetípicas do inconsciente coletivo.

Jung trouxe para a cultura ocidental a ideia de que a realidade é estratificada. Além da superfície material e psíquica, existe uma dimensão mais profunda na qual tudo se conecta de acordo com o sentido, mesmo na ausência de uma causa mecânica. A sincronicidade, conceito central na conferência de Zurique, foi talvez a ponte mais ousada entre a matéria e a psique tentada no século XX.

Pauli, o cientista, foi um dos poucos físicos da sua época disposto a reconhecer a profundidade dessa abordagem. Famoso pela sua intuição e espírito crítico, Pauli via na imagem arquetípica uma espécie de «esquema de ordem» que ultrapassa a distinção entre sujeito e objeto, entre observador e observado.

Em conclusão, a colaboração entre Jung e Pauli permanece única e irrepetível. Ela revelou uma tendência para a coniunctio: a matéria e a psique, longe de serem mundos separados, tendem a unir-se onde se manifesta o sentido, onde o acaso se torna destino e o átomo pode espelhar-se na alma.

Jung conta ter observado a coniunctio nas suas próprias experiências simbólicas. Em 1937, visitando a catedral de Chartres, em França, Jung parou para contemplar os vitrais onde o sol (luz) e a lua (sombra) se alternam numa dança cromática. Nas tradições indianas, onde Shiva e Shakti se abraçam em meditação, Jung viu o mesmo arquétipo. Mesmo na arte – como em «Dois Amantes», de René Magritte, onde as formas se procuram por trás de véus de tecido – repete-se a viagem simbólica em direção à coniunctio.

O próprio Pauli teve um sonho em 1948: via uma sala dividida em duas cores, uma clara e outra escura. No centro, uma figura dupla dançava . Contou o sonho a Jung durante um passeio nas margens do lago de Zurique. Jung observou que a mente, tal como a natureza, procura constantemente reconciliar os opostos.

A coniunctio, para Jung, não é a ilusão de uma harmonia fácil. A coniunctio é o caminho para a integração, até mesmo para a redenção pessoal e coletiva. O encontro com Pauli e a reflexão sobre os novos mundos da física reforçaram em Jung a ideia de que o homem deve unir-se aos seus opostos. Só assim a mente dialoga com o universo, só assim se dissolve o enigma do entrelaçamento entre a alma e o átomo. Para Jung, a verdadeira «pedra filosofal» não era o ouro, mas a capacidade de conter em si tanto a luz como a sombra, sem quebrar o frágil equilíbrio da vida.

A Árvore e a Escada.

A árvore e a escada simbolizam o crescimento, o percurso de desenvolvimento da personalidade e a ascensão para o conhecimento superior. Também lembram a pesquisa científica de Pauli de «subir» para níveis cada vez mais profundos da realidade, atravessando limiares tanto psíquicos quanto teóricos.

Quando Carl Gustav Jung explora o território dos sonhos, ele identifica símbolos universais que guiam o crescimento interior. Entre eles, poucos são tão recorrentes e «magnéticos» quanto a árvore e a escada. Estes símbolos aparecem há séculos em cosmogonias, tradições religiosas e narrativas individuais. Para Jung, a árvore e a escada são verdadeiros arquétipos. Ambos falam de desenvolvimento, ascensão, encontro entre o que é terreno e o que tende para o alto, para o conhecimento.

A simbologia da árvore nos sonhos.

Jung dedica muitas páginas à figura da árvore nos seus tratados. Para Jung, a árvore representa o eixo do universo, a ligação entre o reino material e a esfera espiritual. Jung observa que, tanto nos sonhos dos seus pacientes como nos mitos antigos, a árvore aparece como protagonista da evolução pessoal.

Nas antigas tradições nórdicas, *Yggdrasill* é a árvore cósmica que sustenta os nove mundos. No Génesis, *a Árvore do Conhecimento* representa a distinção entre inocência e consciência. Na Índia, a *Ficus religiosa,* sagrada para os budistas, torna-se símbolo de iluminação. Mesmo nas tradições africanas, a árvore *baobá* é vista como ponto de encontro entre os vivos, os antepassados e as divindades.

Para Jung, subir à árvore nos sonhos significa tender para o céu, arriscar-se na dimensão superior da consciência. Num sonho famoso relatado nos seus diários, Jung descreve a visão de uma grande árvore que se ergue em direção ao céu estrelado. Jung interpreta este sonho como um símbolo da sua própria busca interior, sempre empenhada em alcançar uma síntese entre matéria e espírito.

A escada: um degrau de cada vez em direção ao conhecimento.

A escada aparece nos sonhos com a mesma intensidade e mistério. Subir uma escada para Jung é sinal de uma transformação em curso. Jung interpreta a escada como a possibilidade do homem de se elevar, de melhorar a si mesmo. A escada não liga apenas o baixo e o alto. A escada une os diferentes níveis da psique.

No seu livro «*Símbolos da* Transformação», Jung analisa vários sonhos em que a escada aparece como um caminho obrigatório, mas frágil, para o Eu. Jung relata o sonho de uma paciente em que uma velha escada de madeira serpenteia vertiginosamente em direção a um sótão cheio de luz. A paciente, uma mulher alemã, começa a subida entre o medo e o espanto. Jung explica que o sótão representa a parte mais elevada da consciência ( ), onde repousam os tesouros escondidos da personalidade.

A escada também evoca na memória as «escadas celestiais» das Escrituras. Na Bíblia, a *Escada de Jacob* liga a terra ao céu, os homens aos anjos. Na alquimia, a escada simboliza a sublimação gradual da matéria em espírito.

Jung salienta que o crescimento se realiza através do confronto com obstáculos. Cada degrau, cada ramo que se toca ao longo da subida, representa uma passagem. Nunca se sobe sem esforço. A árvore convida a cravar raízes na terra, mas também a ousar em direção ao céu. A escada obriga o sonhador a escolher passo a passo. Ambos os símbolos remetem ao caminho da individuação. Para Jung, a individuação é a viagem que leva o indivíduo a tornar-se ele mesmo, integrando os pólos opostos da sua natureza.

Wolfgang Pauli conta nos seus diários que sonhou com uma escada em espiral suspensa numa biblioteca atemporal. Cada degrau estava escrito com uma fórmula, cada patamar era iluminado por uma luz diferente. Pauli interpreta a escada como uma representação da sua pesquisa científica, sempre voltada para unir o mundo visível das partículas e o mundo invisível da mente. Numa carta de 1952, Pauli escreve a Jung:

«A escada do sonho não conduz apenas para cima, mas em todas as direções da alma».

Dante Alighieri, na Divina Comédia, sobe os reinos do Além-Túmulo passando de um pico a outro, muitas vezes entre florestas e escadas. Michelangelo, na Sagrestia Nova de San Lorenzo, em Florença, compõe os túmulos dos Médici com escadas quebradas, como para sugerir o difícil caminho para o conhecimento imortal.

Também na ciência, a escada é uma metáfora poderosa. Os investigadores falam de «escada da complexidade» para indicar os níveis de organização da matéria, do mais simples ao mais evoluído.

Para Jung, a árvore e a escada nos sonhos são convites à ascensão e à consciência. A árvore pede para criar raízes sem esquecer o céu. A escada ensina o esforço e a graça e m da elevação. No encontro entre a psique e os mistérios da física, como entre Jung e Pauli, esses símbolos revelam a tensão humana comum em direção ao que é mais alto, maior, mais verdadeiro.

Refletir sobre estes sonhos significa não se contentar em ficar no chão. Significa aceitar o desafio: subir, conhecer, tornar-se.

Figuras arquetípicas: o Velho Sábio e a Grande Mãe

Quando Carl Gustav Jung conheceu Wolfgang Pauli, não nasceu apenas uma troca frutífera entre a psicologia e a física. Os dois homens — o psiquiatra suíço e o grande físico teórico austríaco — travaram um diálogo único sobre os sonhos, as imagens interiores e os símbolos que governam a mente humana. No centro dessa correspondência, encontramos as grandes figuras arquetípicas que Jung definiu como «o Velho Sábio» e a «Grande Mãe».

O Velho Sábio representa o aspecto orientador do inconsciente, portador de conhecimento superior. A Grande Mãe encarna o arquétipo da maternidade e da proteção, mas também da transformação. Estas figuras, nos sonhos de Pauli, sugeriam tanto a influência de forças psíquicas profundas na sua criatividade, como a necessidade de integrar sensibilidade e racionalidade no trabalho científico.

Um dos sonhos mais emblemáticos de Pauli conta um encontro com um homem idoso, vestido com uma túnica luminosa, que o conduz através de um labirinto geometricamente perfeito. Este «Sábio Velho» oferece a Pauli uma chave de ouro e fala-lhe com palavras enigmáticas: *«O que procuras já está dentro de ti.»* Estamos em 1932, e Pauli anota que o sonho lhe deixou uma sensação de mistério, mas também de esperança.

Noutro sonho, Pauli encontra-se numa grande sala subterrânea. Na sua presença, aparece uma mãe gigantesca, sentada num trono, cuja voz lembra a profundidade das raízes da árvore e d m da vida. Esta «Grande Mãe» acolhe Pauli nos seus braços, mas também lhe mostra um rosto sombrio e terrível. Jung, nos seus comentários, sublinha a dupla natureza desta figura: a mãe não é apenas nutridora, mas também geradora de conflitos interiores e transformações.

Para Carl Jung, o Velho Sábio representa a personificação do inconsciente coletivo que guia o indivíduo em direção ao significado profundo da vida. É frequentemente representado como um mestre, um filósofo, um mago ou um cientista. Jung associa o Velho Sábio a figuras mitológicas como Hermes, Zaratustra, Merlin ou Lao Tzu. Estas personagens encarnam a sabedoria que vem da experiência, mas também a ponte entre o passado e o futuro.

Nos sonhos de Pauli, esta figura aparece frequentemente como guardião de mistérios matemáticos. Num sonho crucial, o ancião conduz Pauli a uma biblioteca infinita. Muitos estudiosos viram uma correspondência entre esta imagem e a famosa *«Biblioteca de* Babel» descrita por Borges. Pauli sonha com livros que flutuam no ar, e cada livro contém fórmulas que explicam o universo. Aqui, o Velho Sábio indica que o conhecimento científico é apenas uma parte do todo e convida Pauli a ultrapassar os limites da racionalidade.

Na filosofia de Jung, a Grande Mãe está entre os arquétipos mais antigos e poderosos. Ela representa a terra, a fertilidade, a proteção, mas também a aniquilação, a regressão e o medo da dissolução. Jung estudou os mitos de Ísis, Deméter, Cibele e a Virgem Maria, encontrando um fio condutor que atravessa todas as culturas.

No caso de Pauli, a Grande Mãe assume frequentemente a forma de uma figura imponente, por vezes benevolente e acolhedora, outras vezes inquietante e destrutiva. Num sonho de 1934, Pauli vê uma deusa dupla: de um lado, esplêndida como uma estátua grega, do outro, com o rosto coberto por uma máscara negra. Jung interpreta esta visão como a manifestação do dualismo que atravessa todo o processo criativo e científico. A Grande Mãe , para Jung, é aquela que oferece segurança e nutrição, mas também exige coragem para enfrentar o desconhecido.

Jung e Pauli encontraram um eco das suas pesquisas precisamente nesta simbologia. Assim como a ciência moderna se confronta com o desconhecido da matéria — o vazio quântico, as energias não observáveis —, a psique continua a produzir imagens de sentido difícil de decifrar. Para Jung, o encontro com o Velho Sábio ou a Grande Mãe nos sonhos sinaliza fases decisivas do crescimento pessoal: momentos em que o indivíduo se depara com os limites da razão e precisa confiar em uma orientação interior.

O próprio Pauli reconheceu o valor transformador dos seus sonhos. Nas cartas enviadas a Jung, Pauli concluía:

«O encontro com o Velho Sábio mostrou-me que, no final, a pura lógica não basta. É preciso também ouvir a voz profunda que vem da escuridão.»

Ligações culturais.

Os encontros oníricos com estes arquétipos evocam referências culturais famosas. Platão, em «Fédon», descreve a alma guiada por um cocheiro sábio. Na Índia, a figura de Sarasvati, mãe e guia espiritual, domina o panteão. Nas catedrais góticas, os anciãos esculpidos nos portais representam a sabedoria divina, enquanto a Mãe Triunfante nas janelas de vitral guarda a promessa da redenção.

Zurique, cidade onde Jung acolheu Pauli no seu estúdio à beira do lago, tornou-se palco dessas explorações. As longas conversas aconteciam frequentemente no jardim da casa de Jung em Küsnacht, à sombra de árvores antigas. Aqui, Jung anotava: «O arquétipo não é apenas um símbolo pessoal, mas património de toda a humanidade».

A interligação entre os sonhos de Wolfgang Pauli e a filosofia de Carl Jung sugere-nos que a ciência e a alma não são mundos separados. O Velho Sábio e a Grande Mãe aparecem ao homem moderno para lembrá-lo de que a busca da verdade, não- , não pode ignorar a profundidade do símbolo. O «entrelaçamento da alma» vai além da física: é a dança entre a mente e a matéria, entre o visível e o invisível, entre o conhecimento e a sabedoria antiga que habita os nossos sonhos mais profundos.

Sonhos de destruição e reconstrução.

No diálogo entre psique e física que Jung e Pauli souberam tecer, os sonhos tornam-se palco de uma busca que vai além dos limites da ciência. Especialmente quando, nas noites de Wolfgang Pauli, aparecem duas grandes presenças: o Velho Sábio e a Grande Mãe. Esses arquétipos dominam a paisagem do seu inconsciente, muitas vezes no contexto de sonhos dramáticos de destruição e reconstrução, chaves para uma transformação profunda.

Wolfgang Pauli viveu momentos de dilaceração pessoal no início dos anos 30. Esses acontecimentos abalaram o equilíbrio do cientista. Pauli recorreu a Carl Jung em Zurique, em 1932. Assim começou um percurso de análise que resultou num diário com mais de mil e duzentos sonhos.

Pauli frequentemente anota sonhos em que vê cidades em ruínas, edifícios a desmoronar-se, mundos destruídos por forças misteriosas. Às vezes, a cena é devastadora. Uma noite, Pauli sonha com uma biblioteca, símbolo do conhecimento acumulado, que é consumida pelas chamas. No entanto, das cinzas surge uma nova construção. Num sonho de 1933, Pauli atravessa uma cidade após uma catástrofe. O ar está cheio de fumo, mas no fundo de uma praça uma mão antiga reconstrói os alicerces de uma torre.

Jung observa que esses sonhos refletem o processo de morte e renascimento típico da individuação. Para Jung, não existe crescimento sem passar por uma fase de desestruturação:

«É preciso renunciar às velhas certezas para que algo maior possa emergir».

Assim anota Jung. O simbolismo da destruição-renascimento é tão antigo quanto o homem. A fênix que renasce das suas cinzas, os mitos de Osíris desmembrado e depois recomposta, a alquimia com a nigredo e a rubedo: todos narram este mesmo arquétipo.

O simbolismo da destruição e renascimento.

Jung, com a sua incansável atenção ao mito, descobriu no inconsciente coletivo algumas imagens recorrentes. Essas imagens parecem esculpidas no fundo do homem, observáveis nas lendas de todas as civilizações. No centro está a fênix, ave que renasce das suas próprias cinzas. Jung percebeu nesta figura a dimensão psíquica da auto-regeneração. Num dos seus famosos ensaios, *«Símbolos da* Transformação», Jung analisou precisamente como o ideal do renascimento após a destruição se projeta em sonhos, visões e narrativas intemporais.

Mas a força deste arquétipo não se esgota com a fênix. Nos antigos contos egípcios, encontramos Osíris, o deus desmembrado pelo irmão e depois magicamente recomposta. Neste mito, a destruição não é um fim em si mesma. Torna-se uma fase necessária para um renascimento superior. Jung utilizou a história de Osíris durante as primeiras consultas com Pauli, em 1932, quando o físico estava a atravessar uma profunda crise pessoal. Pauli, impressionado com o poder destes símbolos, encontrou nas sessões com Jung a força para reconstruir o seu equilíbrio, como ele próprio admitiu em cartas posteriores.

A fascinação de Jung pela alquimia se insere aqui. Jung reconheceu que os textos alquímicos medievais eram ricos em imagens que representavam a alternância entre putrefação e ressurreição. A *nigredo,* a fase negra da decomposição, precede sempre a *rubedo,* o vermelho do renascimento e da perfeição. Jung interpretou a alquimia como psicologia *ante litteram.* O que acontecia no cadinho do alquimista era, para Jung, um símbolo dos próprios processos transformadores do inconsciente. Na correspondência, Pauli disse a Jung que

> *«a visão alquímica do mundo parece-me falar a mesma linguagem da física quântica; em ambas vejo um universo que se regenera através da crise, da destruição e da nova coesão»*

Hoje, o tema volta à física moderna. Pauli já estava imerso, em pleno século XX, na revolução trazida pela mecânica quântica. Na física quântica, a «medida» destrói a sobreposição de estados e leva a uma realidade tangível, renovada. A matéria, como a psique nos sonhos de Jung, transforma-se. Não há criação sem uma ruptura da forma anterior. Nesta dinâmica, Pauli reconheceu uma analogia entre a «morte» da informação num sistema quântico e o renascimento de uma nova unidade observável.

No mito da fénix ou no laboratório, a sequência não varia. Existe uma fase de dissolução, um «desmoronamento» necessário. O mesmo acontecerá em muitas páginas da história. É preciso recordar, por exemplo, a destruição da biblioteca de Alexandria, seguida ao longo dos séculos por um intenso esforço de reconstrução e transmissão do conhecimento. Ou pensemos na iconoclastia bizantina: a destruição das imagens sagradas foi seguida por uma profunda renovação da arte religiosa. Jung salientou frequentemente que estes processos não dizem respeito apenas a indivíduos, mas também a povos inteiros.

A colaboração entre Jung e Pauli revelou uma convergência surpreendente. Jung, o homem da psique, via na destruição-renascimento o ritmo natural do inconsciente coletivo. Pauli, o físico, via isso nos processos fundamentais da matéria. Ambos reconheceram que a transformação é a verdadeira constante. Cada crise, cada fase escura pode ser o prelúdio de um renascimento, como na lei alquímica que diz:

«Et coagula, et solve» (dissolve e reforma).

A união entre o inconsciente coletivo e os mistérios da física encontra, hoje, novos espaços adequados para aprofundamento. Mas já naquelas trocas epistolares e conversas noturnas, tomou forma a consciência e de uma lei superior: todo fim é, na realidade, o início de uma metamorfose. Jung e Pauli, cada um do seu observatório, deixaram-nos a preciosa lição de nunca temer a noite, porque só da escuridão pode realmente surgir o amanhecer.

O Velho Sábio: a ponte entre a ciência e o mito.

Nos sonhos de Pauli, o Velho Sábio aparece nos momentos de maior dificuldade interior. Esta personagem tem aparências variáveis. Muitas vezes, o Velho Sábio apresenta-se como um ancião de barba branca. Veste uma túnica e segura um cajado.

Guia Pauli entre as ruínas, sugerindo-lhe que *«olhe para além da destruição»*. Numa nota de 1934, Pauli escreve:

«O velho mestre aparece entre os escombros e aponta para uma porta escondida. Seguindo a sua voz, sinto que a ruína é apenas o começo».

Jung interpreta o aparecimento do Velho Sábio nos sonhos de Pauli como um sinal de amadurecimento psíquico. O indivíduo, escreve Jung, «encontra na sabedoria profunda do inconsciente a força para reconstruir a sua vida sobre novas bases». Também na física quântica, sublinha Pauli, a ordem nasce frequentemente do caos aparente.

Da mesma forma, a Grande Mãe manifesta-se nos sonhos de Pauli quando a alma está em equilíbrio entre a dissolução e o renascimento. A figura assume por vezes um rosto doce e protetor, outras vezes parece terrível e destrutiva. Pauli sonha uma vez com uma mulher gigantesca que, com um gesto, varre uma cidade inteira, mas logo depois oferece refúgio num jardim cheio de flores. Jung, no manuscrito «Psicologia e Alquimia», observa que a Grande Mãe é:

«a raiz da existência, acolhedora e terrível ao mesmo tempo».

A mãe universal encarna o poder da natureza, que gera e destrói. Pauli confessa numa carta a Jung:

«Temi a Mãe que destrói, depois compreendi que só atravessando a sua escuridão é que algo verdadeiro pode renascer».

A Grande Mãe remete aos mitos de Deméter, Ísis e a Sophia gnóstica. Na catedral gótica de Chartres, a Virgem negra no labirinto sob o coro representa a mãe das ruínas. Dela, segundo o simbolismo medieval, o espírito renasce.

A colaboração Jung-Pauli abre novos horizontes sobre como a destruição e o renascimento se entrelaçam tanto nos processos psíquicos quanto na natureza. Essa "sincronicidade", segundo Jung, não é pura casualidade. É antes a manifestação de uma ordem invisível onde mente e matéria se refletem.

O sonho, para Pauli, torna-se não apenas uma visão subjetiva, mas uma janela aberta para o inconsciente coletivo. Nisso, a figura do Velho Sábio convida a reconstruir, a Grande Mãe leva a deixar ir. O físico e o psicólogo concordam: a ciência mais avançada deve ter a coragem de olhar além da destruição, reconhecendo que somente através do caos emergem novas formas de ordem, tanto no átomo quanto na alma.

A história dos sonhos de Pauli e das suas figuras arquetípicas não conta apenas o sofrimento de um homem. Ela reflete a condição universal do ser humano, dividido entre o medo e a esperança. Jung e Pauli, cada um com os seus instrumentos, ensinam-nos que aqueles momentos de crise em que tudo parece perdido são, muitas vezes, o alvorecer de uma nova possibilidade. No laboratório noturno dos sonhos, ainda hoje, o Velho Sábio e a Grande Mãe guiam os nossos passos entre as ruínas em direção à futura reconstrução.

Todas estas interpretações mostram como Jung e von Franz consideravam os sonhos de Pauli não apenas como fenómenos psicológicos, mas também como reflexos profundos de leis universais, nas quais os símbolos do inconsciente podiam inspirar intuições científicas do mais alto nível.

Quaternidade nos sonhos de Pauli.

Nos sonhos de Pauli, imagens como mandalas de quatro setores, salas quadradas («sala quadrada sem portas»), cruzes, figuras geométricas simétricas e até a presença de quatro pessoas ou objetos opostos eram frequentes. Todas estas imagens simbolizavam, segundo Jung, a tendência natural da psique humana para procurar uma estrutura ordenada, harmoniosa e completa, capaz de manter juntos elementos opostos e aparentemente inconciliáveis.

Os mandalas nos sonhos de Pauli apareciam como círculos divididos em quatro partes: símbolo da autorregulação da psique e do processo de individuação, ou seja, o caminho para a integração de todos os aspectos da personalidade.

A «sala quadrada sem portas» expressava a sensação de estar encerrado num espaço perfeito, mas inacessível, refletindo tanto o desejo de totalidade como a dificuldade em alcançá-la plenamente.

Sonhos em que três figuras eram integradas por uma quarta representavam a recomposição das antinomias (masculino/feminino, matéria/espírito, racional/irracional) numa síntese superior.

Essas experiências oníricas e as interpretações junguianas tiveram um impacto profundo em Pauli, não apenas no plano pessoal, mas também no científico:

Pauli, influenciado por esses símbolos quaternários, desenvolveu uma atenção crescente pelos princípios de simetria, totalidade e ordem subjacente na natureza. Isso refletiu-se na sua atividade científica, que visava identificar as leis fundamentais capazes de unificar as forças e os fenómenos da física.

A ideia de quatro números quânticos para o eletrão, ou as simetrias em quatro dimensões na física, encontravam um eco direto na estrutura da quaternidade explorada nos seus sonhos.

Graças ao diálogo com Jung, Pauli amadureceu a convicção de que as estruturas arquetípicas da psique (como a quaternidade) e d s poderiam ter correspondências efetivas nas estruturas fundamentais da realidade física.

Isso levou-o a questionar-se sobre uma possível teoria unificada que não só reconciliasse os diferentes setores da física (mecânica quântica, relatividade, etc.), mas também refletisse uma totalidade profunda, comparável àquela que a psique procura através dos símbolos da quaternidade.

A frequência da quaternidade nos seus sonhos confirmou a Pauli a necessidade de ir além das divisões tradicionais (matéria/espírito, objetivo/subjetivo) e forneceu-lhe um modelo interior de integração que alimentou a sua criatividade científica e a sua pesquisa teórica.

Em resumo, a quaternidade manifestava-se nos sonhos de Pauli através de imagens e símbolos que expressavam a busca de uma ordem integrada e total. Essas experiências, interpretadas por Jung como etapas fundamentais da transformação interior, tornaram-se para Pauli também guias e inspirações em seu trabalho científico, orientando-o para a elaboração de uma teoria física capaz de refletir a totalidade e a harmonia do universo, assim como o mandala representa a totalidade da psique.

De que forma os sonhos de Pauli influenciam as teorias de Jung.

Graças ao extraordinário material onírico fornecido por Pauli, Jung encontrou exemplos concretos dessas «coincidências significativas» que não podiam ser explicadas apenas pela causalidade material, mas que relacionavam eventos psíquicos (como os sonhos) com acontecimentos físicos, muitas vezes dotados de uma correspondência simbólica surpreendente.

Por exemplo, Pauli sonhava com símbolos que antecipavam ideias científicas desenvolvidas posteriormente ou que pareciam refletir-se em acontecimentos reais. Estes casos reforçaram em Jung a convicção de que existia um princípio de ligação acausal, ao qual chamou precisamente sincronicidade.

A integração dos opostos e a quaternidade.

A partir da análise dos sonhos de Pauli, ricos em imagens como mandalas, alquimia (*ouroboros*, *coniunctio*) e esquemas de quatro elementos, Jung encontrou confirmações e novos estímulos para o seu pensamento sobre a quaternidade e a integração dos opostos.

Os arquétipos que emergiam nos sonhos de Pauli representavam para Jung a estrutura inata da psique, que tende naturalmente para a unidade e a totalidade, unificando polaridades opostas (racional/irracional, masculino/feminino, etc.). Isso reforçou a sua teoria de que a individuação, ou seja, o processo de realização do Eu, passa precisamente pela mediação entre esses opostos.

A experiência com Pauli demonstrou a Jung que o inconsciente não só cria sonhos ricos em significado, mas também pode servir como fonte de intuições criativas, que encontram eco no trabalho científico e na descoberta da verdade objetiva.

A ideia junguiana de que a criatividade deriva de uma conexão profunda com os arquétipos inconscientes foi enriquecida pela observação direta de como Pauli «tirava» inspiração de sonhos e símbolos para os seus trabalhos de física teórica.

A comparação com Pauli levou Jung a refinar a sua posição sobre uma realidade «psicoide», ou seja, um nível em que o psíquico e o físico se entrelaçam.

A dimensão psicoide.

Entre os numerosos resultados que emergiram do diálogo entre Carl Gustav Jung, psiquiatra e fundador da psicologia analítica, e Wolfgang Pauli, físico teórico de renome mundial, um destaca-se pela profundidade e audácia especulativa: o conceito de «psicoide». Esta ideia, amadurecida graças ao confronto com Pauli entre os anos 19 s anos 1930 e 1950, representa um dos pontos mais altos na tentativa de encontrar uma ponte entre a mente e a matéria, entre o psíquico invisível e o físico visível.

Já na década de 1920, Jung intuía que alguns fenómenos da psique pareciam escapar a uma explicação exclusivamente psicológica. Inicialmente, Jung definiu os arquétipos como estruturas inatas do inconsciente coletivo. Posteriormente, dialogando com Pauli, Jung começou a questionar-se sobre qual seria a «substância» desses arquétipos. Essa comparação levou Jung a conceber os arquétipos como realidades «psicoides», ou seja, existentes num nível que precede a divisão entre psique e matéria.

Jung, na sua obra «*Tipos* psicológicos», já aludia a uma estrutura subjacente que une experiências interiores e fenómenos naturais. No entanto, foi com as suas reflexões sobre a sincronicidade e, sobretudo, graças ao estímulo de Pauli, que Jung desenvolveu plenamente esta intuição. A partir do final dos anos 40, Jung começou a falar de «psicoide» para descrever um nível da realidade em que as diferenças entre o mental e o material perdem significado.

O psicoide como zona liminar.

Jung entendia a dimensão psicoide como uma dimensão liminar, ainda não organizada em representações conscientes e ainda não dividida em objetos materiais. Nesta zona limítrofe, o arquétipo atua como um modelo potencial que pode manifestar-se tanto em fenómenos psíquicos (sonhos, visões, sensações) como em eventos físicos. O pensamento de Jung é esclarecedor:

> *«o nível psicoide do arquétipo encontra-se abaixo da consciência, mas pode produzir efeitos tanto no mundo material como no psíquico».*

Nesse sentido, o conceito de psicoide representa uma revolução. Não é mais possível pensar na matéria e na psique como dois reinos totalmente separados. Jung escreveu a Pauli:

> *«Imagino um estado da realidade em que a divisão entre interno e externo ainda não tenha ocorrido.»*

Em essência, na teoria do psicoide, Jung entende a presença de uma realidade subjacente, comum e pré-existente em relação à distinção entre mente e matéria, na qual as raízes do arquétipo não são totalmente acessíveis à consciência, mas podem influenciar tanto os estados psíquicos (por exemplo, através de sonhos, intuições ou sincronicidades) quanto os acontecimentos do mundo material.

Wolfgang Pauli foi decisivo no aperfeiçoamento desta teoria. Como cientista, Pauli via na mecânica quântica uma dissolução contínua das fronteiras entre o observador e o objeto observado. Para Pauli, o entrelaçamento quântico mostrava que, em determinadas condições, não existe mais uma divisão rígida entre o mundo mental e o mundo material. Pauli acreditava que os arquétipos de Jung encontravam correspondências reais nas estruturas «simbólicas» da física moderna.

Durante os encontros na villa de Jung em Küsnacht, às margens do lago de Zurique, ou nas trocas de cartas entre Princeton e a Suíça, Pauli e Jung discutiram repetidamente se existia «um substrato comum» do qual emergem tanto as leis físicas quanto as imagens arquetípicas. Numa carta de 1952, Pauli admitiu que «o conceito de psicoide responde à necessidade de uma linguagem comum entre a física e a psicologia».

O fenómeno da sincronicidade foi o terreno experimental em que Jung testou o conceito de psicoide. Quando ocorre um evento significativo, aparentemente sem causa material, mas ligado à experiência interior de uma pessoa, Jung hipotetizou que aqui atuava a dimensão psicoide. O exemplo do besouro dourado, citado por Jung na conferência de Zurique em 1951, continua a ser emblemático: a ocorrência simultânea de um sonho arquetípico e de um evento físico sincrónico mostra a ação de uma *«matriz psicoide»*.

Também na tradição alquímica, Jung encontrou abundantes prefigurações dessa realidade intermediária. Os textos medievais, conservados em locais como a Biblioteca Central de Zurique, onde Jung e frequentemente estudavam, estão repletos de referências a uma «matéria-prima», substância indiferenciada na base de toda transformação, comparável ao nível psicoide.

Alguns historiadores da cultura, como Mircea Eliade, salientaram posteriormente como muitos mitos iniciáticos se referem à necessidade de uma travessia dos opostos — homem e mulher, vida e morte, espírito e matéria — para aceder a um conhecimento superior. Jung encontrou na busca do Graal, nos mitos de Osíris e em muitos rituais de passagem uma confirmação da existência de uma dimensão unificadora subjacente, que hoje poderíamos chamar de psicoide.

O conceito de psicoide guarda uma extraordinária atualidade. Jung, também inspirado pelas perguntas de Pauli, tentou traçar um mapa dos territórios fronteiriços, onde a psicologia encontra a física, onde o símbolo molda a matéria e a realidade «externa» se torna palco de eventos interiores. Pauli, cientista, ofereceu a Jung a legitimação do mistério, a dignidade da dúvida, a possibilidade de pensar o invisível como realidade efetiva.

Décadas depois, a noção de psicoide continua a inspirar filósofos, neurobiologistas e teóricos da complexidade. Sempre que se tenta ultrapassar a fronteira entre a alma e o átomo, o conceito de psicoide volta como chave e «zona franca» onde a ciência e a consciência podem dialogar. Assim aconteceu, com rara profundidade e respeito mútuo, entre Carl Jung e Wolfgang Pauli.

O encontro com a mente científica de Pauli estimulou Jung a adotar uma atitude mais aberta e interdisciplinar na interpretação simbólica, buscando conexões entre psicologia, física, matemática e filosofia.

Em resumo, os sonhos de Pauli e o diálogo com ele deram a Jung o material empírico e conceptual necessário para reforçar e desenvolver teorias fundamentais como a sincronicidade, enriqueceram a sua reflexão sobre a estrutura arquetípica da psique (quaternidade, unidade dos opostos) e aprofundaram o papel do inconsciente tanto na vida interior como na criatividade científica. A influência de Pauli é sentida em toda a fase madura e e do pensamento junguiano e na sua abertura para uma visão verdadeiramente multidimensional da realidade.

O papel de Marie-Louise von Franz.

Marie-Louise von Franz teve um papel fundamental e direto na terapia de Wolfgang Pauli, sobretudo no âmbito da análise dos seus sonhos. O seu contributo não foi apenas executivo, no sentido de «aplicar» as teorias junguianas aos sonhos de Pauli, mas também profundamente criativo e influente na própria evolução dessas teorias.

Quando Pauli iniciou o seu percurso analítico, foi Erna Rosenbaum quem conduziu a maior parte das sessões com ele, enquanto Jung supervisionava o processo e fornecia orientações teóricas mais gerais. Posteriormente, porém, Jung envolveu Von Franz para que ela se dedicasse principalmente ao exame dos sonhos que Pauli trazia quase diariamente: o material onírico de Pauli era excepcionalmente abundante e rico em figuras simbólicas complexas.

Von Franz, graças à sua notável sensibilidade para a linguagem simbólica, empenhou-se não só em ajudá-lo na elaboração pessoal dos sonhos, mas também em relacionar as imagens arquetípicas que emergiam com os profundos conflitos e tensões que Pauli vivia entre o seu pensamento científico racional e o seu universo interior irracional.

Von Franz ficou impressionada com a complexidade e a riqueza arquetípica dos sonhos de Pauli: muitos sonhos continham estruturas geométricas (por exemplo, a «sala quadrada sem portas») ou aparições de figuras mitológicas e imagens de totalidade, como mandalas. Ela contribuiu de forma decisiva para revelar o significado destes símbolos como expressões dos processos de transformação da psique.

Von Franz destacou nos sonhos de Pauli a presença constante de arquétipos universais, que refletiam a tentativa da psique de integrar elementos opostos — racionalidade e intuição, ciência e mito —, refletindo também a crise pessoal e criativa de Pauli em sua trajetória científica.

Um aspeto fundamental do trabalho de von Franz foi perceber nos sonhos de Pauli poderosos paralelismos entre esquemas simbólicos do inconsciente (como a quaternidade, os mandalas e as imagens de ordem cósmica) e estruturas da realidade física investigadas pela ciência. Isso levou-a a afirmar a fecundidade do símbolo como verdadeiro elemento de ligação entre a realidade psíquica e a realidade natural.

Von Franz não se limitava a uma leitura «de cima» dos sonhos; trabalhava em conjunto com Pauli de forma dialógica, contribuindo para desenvolver nele uma nova consideração pela dimensão simbólica e criativa do inconsciente, elemento que também enriqueceu a sua visão da física.

O enorme acervo de sonhos de Pauli levou von Franz — também através de numerosas conversas com Jung — a refinar e desenvolver a compreensão prática de conceitos como o arquétipo, a individuação e a função transcendente. O trabalho com Pauli tornou-se assim paradigmático para a psicologia analítica, fornecendo material clínico do mais alto nível.

Em resumo, Marie-Louise von Franz foi o elo essencial entre o vasto e articulado universo onírico de Pauli e a teoria junguiana. Não só acompanhou Pauli numa jornada de transformação pessoal, mas contribuiu de forma decisiva para aprofundar o alcance dos símbolos arquetípicos e explorar as suas implicações tanto para a psique como para o conhecimento científico. O seu método, baseado na escuta profunda e na valorização do símbolo, tornou-se um modelo de referência para a psicoterapia junguiana e uma ponte duradoura entre o mundo interior e as descobertas da ciência.

Cronologia da colaboração.

A relação entre Wolfgang Pauli e Carl Gustav Jung desenvolveu-se de forma gradual e profunda, passando de uma relação terapêutica inicial para uma colaboração intelectual de grande importância, que influenciaria ambos pelo resto das suas vidas.

Origens terapêuticas (1932-1934):

Pauli, num período de grave crise pessoal e espiritual causada também pelo suicídio da mãe e por uma fase de instabilidade emocional, procurou Jung para uma terapia baseada na análise dos sonhos.

Nesta fase, Jung assumiu o papel de analista, ajudando Pauli a compreender os complexos símbolos oníricos e as tensões interiores que se refletiam na sua vida e nas suas dificuldades relacionais.

No processo terapêutico, também foi determinante Marie-Louise von Franz, aluna de Jung, que trabalhou diretamente com Pauli na interpretação dos sonhos, lançando as bases para uma reflexão sobre os arquétipos e os símbolos universais.

A intensa atividade onírica de Pauli, de extraordinária riqueza simbólica, tornou-se um verdadeiro laboratório psicológico e filosófico.

Evolução para o diálogo intelectual (meados da década de 1930):

Depois de superar a crise pessoal, Pauli começou a interagir com Jung de forma cada vez mais igualitária.

As conversas alargaram-se para além da clínica, abordando temas como a relação entre o inconsciente e a criatividade científica, a natureza da realidade, o simbolismo na alquimia, a estrutura do conhecimento humano e os limites da racionalidade.

Neste período, podemos distinguir vários momentos-chave.

Desenvolvimento da «sincronicidade».

Um dos passos cruciais foi a discussão do conceito de sincronicidade, ou seja, a coincidência significativa que não pode ser explicada apenas pela causalidade material. A colaboração deu origem a um dos conceitos mais famosos da psicologia junguiana.

O «quarto excluído» e a quaternidade.

Outro momento importante foi a elaboração do simbolismo do quatro, que Pauli percebia tanto como estrutura fundamental nos seus sonhos quanto na busca por leis físicas universais.

O interesse pela alquimia.

O aprofundamento do simbolismo alquímico, animado pelo vasto repertório de imagens nos sonhos de Pauli, levou a uma comparação frutífera sobre os processos de transformação individual e sobre a possibilidade de uma convergência entre as ciências humanas e físicas.

Maturidade da colaboração (anos 40 e 50).

A sua relação era agora uma síntese entre as respetivas disciplinas: física teórica e psicologia analítica.

Através de uma correspondência intensa, dialogaram sobre questões epistemológicas, sobre o papel do inconsciente na criatividade e na ciênci , sobre as origens simbólicas das teorias físicas e sobre a natureza do conhecimento.

A correspondência entre Jung e Pauli continua a ser um testemunho extraordinário de como duas mentes brilhantes de áreas diferentes podem influenciar-se mutuamente.

A sua colaboração favoreceu o nascimento de novas perspetivas interdisciplinares e abriu caminhos inéditos na reflexão sobre ciência, símbolo e psique.

Em resumo, a sua relação foi marcada por uma evolução contínua: da cura da alma ao diálogo entre ciência e espiritualidade. Cada momento crucial — a crise pessoal de Pauli, a descoberta da sincronicidade, a exploração da quaternidade e o confronto sobre a alquimia — foi fundamental para reforçar uma das colaborações mais singulares do século XX.

Evolução da correspondência ao longo dos anos

A correspondência entre Carl Gustav Jung e Wolfgang Pauli começou em 1932, durante uma das crises existenciais mais profundas do cientista, e desenvolveu-se ao longo dos anos como um diálogo intelectual e humano de extraordinária riqueza e complexidade. Inicialmente, Jung assumiu o papel de terapeuta e mentor, ajudando Pauli a interpretar as imagens simbólicas e os conflitos que emergiam nos seus sonhos. No entanto, rapidamente a relação transformou-se numa verdadeira colaboração entre pares, capaz de integrar os conhecimentos da psicologia analítica com os da física teórica.

Com o tempo, o tom da correspondência passou da dimensão clínico-terapêutica para a filosófico-científica. Pauli, depois de superar a fase mais aguda da sua crise pessoal, começou a propor a Jung reflexões cada vez mais profundas sobre a estrutura da realidade, o sentido do conhecimento humano e os limites do método científico. Jung, por seu lado, mostrou-se cada vez mais interessado nas ideias da física moderna, sobretudo no que di a à teoria quântica, à relatividade e às novas conceções de tempo, espaço e causalidade.

Tópicos específicos discutidos nas cartas de Pauli (além dos sonhos):

A «quaternidade» e o «quarto excluído».
Um dos temas centrais foi o simbolismo do quatro, tema central tanto na psicologia junguiana (a quaternidade como símbolo da totalidade psíquica) quanto nas reflexões filosóficas de Pauli. Os dois cientistas discutem a necessidade de integrar os opostos (racional/irracional, consciente/inconsciente, masculino/feminino) numa visão unitária da realidade, superando o dualismo clássico.

A sincronicidade.
Pauli foi um interlocutor fundamental no desenvolvimento do conceito de sincronicidade, entendida como coincidência significativa não atribuível apenas à causalidade física. Nestas discussões, a física quântica (com os seus fenómenos não deterministas) oferecia a Jung um modelo para imaginar uma realidade em que eventos psíquicos e materiais pudessem se conectar segundo princípios ainda misteriosos.

Física e filosofia da ciência.
Pauli apresentou a Jung as suas ideias sobre os limites da racionalidade científica, o papel do observador nos processos naturais e a relação entre objetividade e subjetividade. Muitas vezes, as suas reflexões incidiam sobre os paradoxos da física

moderna e as analogias entre processos naturais e processos psíquicos.

Alquimia e simbolismo.
Outro domínio central foi o estudo da alquimia, terreno de encontro entre ciência, filosofia e psicologia. Pauli mostrava-se fascinado pelos símbolos e imagens alquímicos, que considerava arquétipos universais presentes tanto nos sonhos individuais como nas intuições científicas. As cartas estão repletas de análises sobre símbolos como o ouroboros (a serpente que morde a própria cauda) e a «coniunctio», ou seja, a fusão dos opostos.

O papel do inconsciente na criatividade científica.
Pauli escreve frequentemente sobre a sua convicção de que muitas das intuições fundamentais da física derivam de processos inconscientes, de um «fundo» psíquico que a mente racional só consegue decifrar parcialmente. Jung via em Pauli o exemplo do cientista capaz de acolher o mistério do inconsciente como força criativa, e não apenas como território de conflito interior.

O diálogo entre as ciências exatas e as ciências humanas.
Ao longo dos anos, Jung e Pauli dialogaram sobre como é necessário que o conhecimento supere a fragmentação disciplinar. Eles discutiram a possibilidade de uma futura «unidade do conhecimento», capaz de unir física, psicologia, filosofia e espiritualidade.

Em conclusão, a correspondência Jung-Pauli foi muito mais do que uma coleção de interpretações oníricas: foi um cruzamento entre mundos diferentes, terreno fértil para desenvolver ideias sobre a relação entre ciência e inconsciente, entre razão e mito, entre acaso e significado. O diálogo entre os dois permanece hoje um exemplo de abertura interdisciplinar e de busca dos fundamentos últimos do conhecimento humano.

III. O horizonte comum.

O desejo de uma «ligação» entre a psique e a matéria.

Certas histórias, na história da ciência e do pensamento, lançam pontes inesperadas entre universos aparentemente distantes. A colaboração entre Carl Gustav Jung, o pai da psicologia analítica, e Wolfgang Pauli, o génio austríaco da física quântica, é um exemplo dessa convergência excepcional. Homens diferentes, unidos por um mesmo desejo: descobrir um «traço de união» entre os movimentos invisíveis da alma e a trama profunda da matéria. Nesta aliança reflete-se uma pesquisa que não é apenas intelectual, mas profundamente espiritual e cultural.

Quando a mente e o átomo se dão as mãos.

Estamos na primeira metade do século XX, uma época marcada por revoluções vertiginosas. A física clássica vacila diante dos mistérios inquietantes trazidos pela mecânica quântica. A objetividade, pilar caro aos cientistas do século XIX, começa a ruir nos laboratórios de Copenhaga e Berlim. Pauli trabalha com Niels Bohr e Werner Heisenberg, protagonistas dos famosos diálogos que mudarão para sempre a nossa visão da realidade. Bohr lembra frequentemente que «o observador» nunca é completamente separável do fenómeno observado. A ciência desperta, inquieta, diante do problema da causalidade linear, que agora parece uma simplificação.

Em que consiste esse despertar? Com o avanço da física quântica e novas reflexões psicológicas, o modelo clássico de causalidade — em que cada efeito tem uma causa precisa e um m linear — começou a mostrar as suas limitações. Antes da revolução quântica, a ciência ocidental construiu os seus alicerces com base na ideia de que o mundo era governado por leis causais simples e deterministas, bem representadas pelos sistemas descritos por Newton. No entanto, com o advento dos estudos de Bohr, Heisenberg, Pauli e outros, tornou-se claro que a realidade em escala microscópica não podia ser explicada inteiramente pelo conceito de causa e efeito.

As experiências sobre a dupla natureza da luz ou o entrelaçamento mostram que o comportamento das partículas subatómicas muitas vezes escapa às regras lineares previsíveis. Além disso, na psicologia junguiana, o estudo de eventos aparentemente «casuais», ligados por um sentido comum, questionava a suficiência da causalidade por si só. O próprio Jung, trabalhando sobre a sincronicidade, escreve:

> *«A causalidade descreve apenas a sequência do aparecimento dos eventos, mas não examina o seu sentido».*

Assim, a ciência começou a questionar-se: talvez a realidade também se mova por «*correspondências* significativas» e não apenas por causas e consequências lineares. A causalidade, que durante séculos tinha sido a bússola do conhecimento, começava, diante destas novas descobertas, a parecer um mapa redutor de um território infinitamente mais complexo.

Da mesma forma, na psicologia, Carl Jung se depara com a irredutibilidade da experiência humana. O inconsciente coletivo, o depósito de arquétipos e símbolos ancestrais, desafia a pretensão de uma explicação meramente racional do comportamento humano. Jung sente que falta algo essencial, uma conexão entre o indivíduo e as forças invisíveis que o atravessam. Ele procura, de facto, um horizonte capaz de incluir espiritualidade e matéria.

Entre 1932 e 1958, Jung e Pauli cruzam os seus caminhos. Pauli, atormentado por sonhos inquietantes, recorre a Jung como paciente. Começa uma correspondência intensa e surpreendente. Mais tarde, surgirá o livro *«A interpretação da natureza e da* psique» (1952). A escolha de Pauli não surpreende apenas pelo m a sua posição científica, mas testemunha uma inquietação generalizada entre muitos físicos, marcada pela crise dos fundamentos. Os sonhos de Pauli, povoados por símbolos platónicos — como o *«motivo da* quaternidade» ou a *«mandala* verde» — tornam-se terreno de investigação onde a física e a psique se espelham uma na outra.

O motivo da quaternidade.

O primeiro grande tema que surge nos sonhos de Pauli é o da «quaternidade». Em várias visões noturnas, Pauli observa figuras geométricas organizadas em grupos de quatro: cruzes, quadrados, círculos divididos em quatro setores. Jung nota a recorrência deste motivo e interpreta-o como um símbolo da totalidade e da unidade integrada. A quaternidade aparece nos mitos e nas culturas de todo o mundo. Platão, no seu «Timeu», associa a estabilidade e a perfeição ao quadrado e ao número quatro. Jung retoma e amplia esta linha: para ele, a quaternidade expressa o processo de individuação, ou seja, o caminho pelo qual o indivíduo chega a integrar os opostos da sua psique. No mandala, que aparece frequentemente nos sonhos de Pauli, o quadrado representa a tentativa do Eu de ordenar o caos interior.

Um exemplo famoso é o sonho em que Pauli vê uma roda com quatro raios; no centro encontra-se um ponto luminoso. Jung observa que isto representa o centro unificador da identidade, enquanto os quatro raios simbolizam as direções fundamentais da experiência psíquica: pensamento, sentimento, intuição e sensação.

A mandala verde.

Outro sonho de Pauli, frequentemente citado nos arquivos de Jung, apresenta uma mandala verde. O termo «mandala» deriva do sânscrito e indica um diagrama circular utilizado n es das tradições espirituais orientais como símbolo de harmonia cósmica. Na sua prática clínica, Jung estudou centenas de mandalas desenhadas por pacientes, descobrindo que essas imagens espontâneas representam tentativas da alma de encontrar equilíbrio.

A mandala verde sonhada por Pauli aparece numa praça renascentista, no centro da qual se encontra uma fonte com quatro jatos. A cor verde remete à vida, à regeneração e à esperança. Jung interpreta este sonho como a manifestação de uma profunda reorganização da personalidade de Pauli. Aqui, a psique procura superar a fragmentação e alcançar uma nova síntese. O próprio Pauli, fascinado pela geometria oculta por trás de tudo o que é vivo, reconhece na mandala uma linguagem comum entre a natureza e a mente.

Onde a ciência se abre ao símbolo.

O trabalho com os sonhos leva Pauli a ver afinidades subtis entre os símbolos do inconsciente e os mistérios da física. O próprio Heisenberg, em conversa com Pauli, expressa o seu pensamento:

> *«A simetria, a geometria e os números, que aparecem nos fundamentos da mecânica quântica, lembram muito a linguagem dos símbolos presentes nos mitos e nos sonhos».*

Pauli não se limita à analogia; numa carta a Jung, datada de 27 de outubro de 1953, escreve:

> *«A estrutura matemática do universo parece refletir as imagens arquetípicas presentes na psique humana. Talvez os mandalas que sonhamos não sejam tão diferentes daqueles que observamos nas simetrias atómicas».*

Um pensamento que remete à intuição platónica do mundo das ideias como ponte entre a matéria e o espírito.

Jung insere a quaternidade e o mandala nos grandes ciclos da cultura mundial. Na simbologia cristã, a cruz tem quatro braços; nas filosofias orientais, os mandalas tibetanos ordenam o universo de acordo com os quatro pontos cardeais. As figuras que emergem nos sonhos de Pauli não são casuais: são o traço de uma linguagem universal, como também sugerido pelos arquétipos de Platão.

Na troca entre Jung e Pauli, a ciência encontra o símbolo, a objetividade enriquece-se de significado. Os sonhos de Pauli tornam-se um laboratório onde a física quântica, com os seus mistérios e simetrias, reflete-se nas leis da alma. O motivo da quaternidade e o mandala verde são testemunhos tangíveis de uma viagem: a viagem em direção a uma «ligação» entre mente e matéria, uma ponte ainda em construção entre os mistérios do átomo e os labirintos do inconsciente.

Jung hipotetiza a existência de «fenómenos sincrónicos», eventos ligados não por nexos causais, mas pelo sentido. Por exemplo, quando pensamos em uma pessoa e ela nos liga. Pauli reconhece enormes semelhanças entre essa ideia e os fenómenos do entrelaçamento quântico: duas partículas, mesmo que separadas por enormes distâncias, parecem compartilhar um destino misteriosamente coordenado, como se uma «ressonância» invisível as unisse além da lógica da causalidade.

Ambos gostam de citar Platão. Jung escreve:

«Os arquétipos são as ideias platónicas que residem no inconsciente coletivo profundo.»

Pauli traduz essa intuição na sua linguagem:

«Talvez as leis da natureza sejam como arquétipos matemáticos, à espera de emergir na experiência.»

Nos seus diálogos, também aparece a cultura oriental, em particular o I Ching, antigo oráculo chinês. Jung fica fascinado: aqui, como na sincronicidade, a conexão entre os eventos acontece por «sentido» e não por «causa».

Bohr, que Jung encontra várias vezes em Zurique, insiste na complementaridade entre sujeito e objeto. Heisenberg, com o princípio da indeterminação, retira certezas à física, tornando o real um mosaico de possibilidades. Esta atmosfera de incerteza abre espaços à imaginação: já não é blasfémia e r que o mundo da mente e o mundo do átomo têm algo em comum.

Pauli, em meados da década de 1950, confia a Jung:

«Acredito que a física quântica oferece uma linguagem para expressar o que a psicologia intui.»

A sincronicidade torna-se assim uma «zona fronteiriça» onde arquétipos, relações psíquicas e estruturas matemáticas se encontram.

Os dois não chegaram a uma teoria unificada. No entanto, permanece o gosto pelo paradoxo, a percepção de que a realidade nunca pode ser contida numa única linguagem. A amizade entre eles é um convite a não parar de procurar tramas secretas entre mundos diferentes. Uma viagem que ainda hoje estimula filósofos, físicos e psicanalistas.

Nas cartas densas da correspondência está talvez o eco mais vivo desta aliança. A de duas mentes que, para além da crise dos fundamentos e dos desafios da modernidade, sentiram a necessidade de uma nova e subtil metafísica. Onde a mente e o átomo, mesmo distantes, podem dar-se as mãos no mistério comum da realidade.

A alquimia na base da sua colaboração.

A alquimia teve um papel central e inspirador no diálogo entre Jung e Pauli, influenciando profundamente tanto a sua correspondência como o desenvolvimento das suas ideias.

A alquimia como linguagem simbólica da transformação.

No século XIX, muitos historiadores consideravam a alquimia uma forma arcaica de química, uma ciência a meio caminho entre a magia e a experimentação. Jung, pelo contrário, via na alquimia europeia e árabe um imenso reservatório de imagens, mitos e processos. Para Jung, os textos alquímicos são ricos em símbolos que traduzem o que acontece na alma durante as grandes transformações interiores. Não se trata de «fabricar ouro», mas de compreender o lento trabalho através do qual a psique procura a sua forma e unidade.

Jung descobre a alquimia nos anos 20, graças ao manuscrito «*Aurora* Consurgens» e aos relatos dos sonhos dos seus pacientes. Para Jung, símbolos como o ouroboros (a serpente que morde a própria cauda), a coniunctio (a união dos opostos), o mandala (a roda sagrada) e a quaternidade (a estrutura de quatro elementos) contam a batalha, o caos e a recomposição do Eu. Nesta viagem dos abismos até à luz, Jung reconhece o processo de individuação, o caminho para a plenitude da pessoa.

É precisamente nas visões noturnas de Wolfgang Pauli que a alquimia ganha novo corpo. Pauli, perturbado por uma longa crise pessoal no início dos anos 30, encontra em Jung a referência para decifrar centenas de sonhos. Neles aparecem motivos alquímicos: a massa e e confusa inicial (a matéria-prima, caótica e indiferenciada), a dissolução, as cores cangiante do opus (obra alquímica), o processo de purificação através das «águas» simbólicas, até ao aparecimento de símbolos como a estrela de quatro braços ou o mandala verde.

Nos diários de 1935, Pauli relata um sonho em que vê duas figuras opostas – uma masculina e outra feminina – que se fundem no centro de um laboratório iridescente. Esta é a coniunctio. Numa carta a Jung, Pauli observa:

«Sonhei com uma serpente que devora a própria cauda. Na minha alma, sinto a ciclicidade da transformação e o desejo de unidade».

Jung reconhece nestes sonhos não só vestígios da antiga arte alquímica, mas também a vitalidade dos arquétipos universais que guiam a viagem para a consciência.

Jung e Pauli, apesar de partirem de disciplinas distantes, encontram na alquimia o ponto de fusão entre a física das partículas e a psicologia profunda. Numa famosa carta de 1948, Pauli escreve:

«Talvez a nova física, com as suas simetrias invisíveis, esteja a descobrir o que a alquimia intuía e a traduzir em linguagem matemática».

Jung recolhe esta intuição e transforma-a numa teoria dos processos simbólicos. A individuação e a obra alquímica entrelaçam-se: ambas prevêem uma fase inicial de caos (a *nigredo*), a descida às trevas, a purificação (*albedo*), o aparecimento de novas ordens (*citrinitas*), a união dos opostos na pedra filosofal (*rubedo*). Este esquema torna-se um mapa universal para todos os processos criativos e transformadores, sejam eles psíquicos, culturais ou naturais.

A pedra filosofal e a sincronicidade.

A pedra filosofal, símbolo da realização alquímica, torna-se nas cartas entre Jung e Pauli uma metáfora do Eu integrado. Ambos refletem sobre como o enigma da sincronicidade — eventos ligados não pela causa, mas pelo sentido — é uma moderna «chave alquímica» para compreender a união do espírito e da matéria.

Pauli, influenciado pela física quântica, sugere um paralelo entre a indivisibilidade da partícula elementar e a totalidade da pedra filosofal. A correspondência entre eles traça um grande abraço entre ciência e mito. O próprio Jung observa:

«O alquimista trabalha e trabalha-se a si mesmo; transforma a matéria e transforma-se a si mesmo. Assim também o físico, hoje, investiga a matéria, mas no seu laboratório encontra os mistérios da sua alma».

O encontro entre Jung e Pauli, mediado pela alquimia, continua a ser um dos pontos mais altos do pensamento interdisciplinar do século XX. Os símbolos alquímicos que emergem nos sonhos e nos laboratórios, desde a serpente cíclica até à união dos opostos, ainda hoje nos convidam a não separar o espírito da matéria, a ciência da poesia. No seu caminho, a alma e o átomo encontram finalmente um terreno comum feito de símbolos e transformação, de mistério e pesquisa sem fim.

A alquimia como ponte entre a ciência e a interioridade.

Jung explica a Pauli que a transformação do chumbo em ouro, tão obsessivamente perseguida pelos alquimistas medievais, não era apenas uma metáfora. Era um esquema da transformação da consciência. Como escreve Jung na sua obra-prima «*Mysterium* Coniunctionis», o alquimista parece trabalhar sobre a matéria, mas na realidade trabalha sobre si mesmo. Este pensamento seduz Pauli, habituado a observar o átomo, e convida-o para uma nova investigação: a do mistério interior.

A correspondência entre Jung e Pauli testemunha um diálogo em que não há separação entre disciplinas. A antiga biblioteca de Jung, n , acolhe volumes de alquimia ao lado dos tratados de física quântica de Pauli. O estúdio de Jung transforma-se num «laboratório de transformação», enquanto o laboratório de Pauli se enche de símbolos antigos como o ouroboros e o mandala.

O encontro entre a mente e o átomo, entre o inconsciente coletivo e as leis da física, materializa-se assim nos próprios sonhos de Pauli, nos quais os arquétipos alquímicos ganham vida para contar uma história universal. Pauli está convencido de que:

«Toda a ciência não faz mais do que traduzir para novas línguas os símbolos eternos que habitam o sonho do homem».

Assim, Jung, com perspicácia, guia Pauli a ver nos símbolos alquímicos o mapa invisível de sua jornada pessoal. Não uma fuga para a superstição, mas um retorno aos grandes arquétipos da nossa cultura, ainda hoje capazes de unir o pó do universo, as partículas elementares, aos movimentos profundos da psique. O sonho da alquimia — a transmutação da alma — torna-se o sonho de uma ciência reconciliada com o mistério, em que alma e matéria, finalmente, dançam a mesma dança eterna.

A alquimia como ponte entre a ciência e a psique.

No panorama intelectual do século XX, poucas colaborações são tão fascinantes quanto a entre Carl Gustav Jung, pai da psicologia analítica, e Wolfgang Pauli, físico teórico genial. Em Küsnacht, nas margens do Lago de Zurique, no cruzamento entre o silêncio do pensamento e a agitação da pesquisa, Jung e Pauli vislumbram uma possibilidade ousada: entrelaçar ciência e psique, racionalidade e mistério. A inspirar este diálogo está a alquimia, não como um conjunto de experiências falhadas, mas como uma linguagem universal da transformação.

Pauli, habituado à lógica cristalina dos números, depara-se com inquietações que a ciência não consegue nomear. É Jung que o convida a reler os textos alquímicos não como tratados técnicos, mas como mapas do inconsciente. Nos laboratórios renascentistas e nos símbolos misteriosos dos alquimistas, Jung reconhece os processos psíquicos que animam cada ser humano, desde o caos original até à conquista da unidade. Em 1949, Pauli escreve:

«A ciência descreve o mundo exterior, mas a alquimia tenta expressar uma realidade mais ampla, na qual o próprio observador está envolvido na transformação.»

Para Pauli, essa intuição representa a chave para redefinir a relação entre objeto e sujeito, entre conhecimento e consciência.

No salão burguês de Jung, respira-se o eco de uma cultura antiga. Entre prateleiras repletas de códigos miniados e modelos de átomos, as discussões entre Pauli e Jung abordam temas que vão do gnosticismo à física moderna, de Paracelso a Niels Bohr. Jung insiste na ideia do inconsciente coletivo: a psique não é apenas pessoal, mas entrelaçada numa rede universal de símbolos, aqueles arquétipos que a alquimia soube guardar e transmitir. O ouroboros, a serpente que morde a própria cauda, reaparece como figura cósmica e psíquica, emblema da eternidade e da metamorfose.

Pauli intuiu um paralelo: a física quântica, com os seus paradoxos, já não descreve um universo feito de objetos isolados, mas uma realidade entrelaçada onde o observador e o observado estão em constante relação. Pauli anotou no seu diário:

«A matéria, tal como a mente, não pode ser compreendida sem ter em conta as suas transformações, exatamente como o alquimista se transmuta na tentativa de transformar a matéria.»

Sincronicidade: a convergência de dois mundos.

O conceito de sincronicidade, desenvolvido nas discussões entre Jung e Pauli, surge precisamente neste cruzamento. A sincronicidade é o encontro aparentemente casual de factos psíquicos e físicos, ligados não pela causalidade, mas pelo sentido. Pauli reconhece que, a nível e u subatómico, os eventos parecem coordenar-se como se existisse uma direção invisível. Jung vê nisso uma confirmação da hipótese alquímica: corpo e alma, matéria e espírito, não são senão duas faces da mesma realidade, unidas por leis simbólicas que ainda aguardam ser compreendidas.

Para ambos, o laboratório não é apenas um local de análise científica. A alquimia ensina a Pauli e Jung que toda transformação da matéria reflete uma transformação do espírito. Assim como o alquimista busca a «pedra filosofal», símbolo de integração e perfeição, também o cientista moderno e o psicólogo buscam um conhecimento que não divide, mas une.

Nas suas cartas, encontram-se citações de Hermes Trismegisto, referências a Isaac Newton (que também era alquimista), discussões sobre as cores do opus alquímico e sobre as imagens arquetípicas que recorrem nos sonhos de Pauli. Os estudos de Pauli estão conservados no CERN, em Genebra. Segundo esses estudos, os processos subatómicos podem ser interpretados à luz da alquimia como transições entre diferentes estados do ser caracterizados por simetrias e quebras de simetria. Jung resume a herança desta amizade numa frase famosa:

> *«Através da alquimia, algo do mistério foi preservado: a capacidade de sentir que o mundo não está dividido, mas atravessado por uma corrente que une o interior e o exterior, o visível e o invisível.»*

Pauli, por sua vez, convida a ciência a não temer o símbolo:

> *«Apenas um conhecimento que seja também autoconhecimento pode ser verdadeiramente completo.»*

A sua colaboração demonstra que a ciência e a psique podem — e devem — dialogar. A alquimia, com os seus símbolos e rituais, continua a ser uma bússola atual para quem deseja orientar-se nos territórios incertos onde a mente e a matéria se tocam. É no limiar desta fronteira que Jung e Pauli deixaram um legado precioso: a busca de uma ponte possível entre o conhecimento dos laboratórios e o conhecimento da alma.

IV. Em busca do «quarto excluído».

O «quarto excluído» nos sonhos e nos símbolos.

Jung intuía que Pauli possuía uma extraordinária riqueza simbólica nos sonhos. Um exemplo emblemático: Pauli contou a Jung um sonho recorrente. Nas várias manifestações desses sonhos apareciam três homens (uma figura paterna, um jovem racional e o eu emocional), mas nenhum deles era suficiente para resolver o conflito interior. No sonho, a certa altura, aparecia uma misteriosa *«quarta* figura», sem nome e sem rosto, cuja presença dissipava a tensão. Para Jung, esta era a manifestação do *«quarto* excluído», ou seja, um princípio capaz de conciliar os opostos, de integrar o que parece irredutível.

Este tema do «quarto» remete para a tetrade na filosofia antiga e até mesmo para o simbolismo oriental antigo, onde os quatro pontos cardeais criam orientação no caos. O «quarto excluído» para Jung e Pauli encarnava a possibilidade de superar a dualidade, incluindo uma dimensão transversal, quase transcendente, que escapava tanto à psicologia racional como à ciência clássica.

Física e inconsciente: a linguagem dos símbolos.

Quando se fala da extraordinária colaboração entre Carl Gustav Jung e Wolfgang Pauli, entra-se num território em que a psicologia e a física não só dialogam, mas ousam desafiar os próprios limites do pensamento ocidental. O eixo central desse desafio é justamente o confronto com o «princípio do terceiro excluído», aquele marco da lógica aristotélica que estabelece:

de toda afirmação e , ela é verdadeira ou falsa, sem meio-termo. Em outras palavras, «tertium non datur»: uma coisa é ou não é. Não existem nuances, zonas cinzentas, territórios liminares.

Wolfgang Pauli já havia questionado muitas barreiras do pensamento clássico através das suas revoluções na mecânica quântica. No entanto, ao encontrar Jung no final dos anos 30 em Zurique, Pauli traz para as suas conversas uma inquietação profunda: a realidade última não se reduz a uma simples alternativa binária. Nos anos da maturidade, Jung e Pauli se encontram refletindo juntos sobre essa barreira lógica. Pauli vinha de uma tradição rigorosa, a da física alemã, permeada pela herança de Hermann Weyl e Niels Bohr. Jung trazia consigo a cultura da profundidade psíquica, o caminho simbólico e mediador entre os opostos.

É Jung quem propõe a noção de um «quarto incluído» – um domínio que se subtrai ao rígido dualismo ocidental. Em algumas cartas a Pauli – que conservamos no Arquivo do Politécnico de Zurique – Jung chega a escrever que:

> *«a alma ama viver nos equinócios de todas as contradições».*

Para Jung e Pauli, existe uma realidade superior na qual as oposições podem ser mantidas juntas, como no antigo símbolo do ouroboros, a serpente que morde a própria cauda. Esta zona fronteiriça entre a lógica e a ilógica torna-se o espaço da sincronicidade, uma terceira via na qual o sentido e o acaso se entrelaçam.

No laboratório da mente, Pauli e Jung experimentam novas formas de pensamento. Pauli escreve em 1952:

> *«A comparação entre a física quântica e a psicologia mostra-nos que a natureza, tal como a psique, não é redutível a categorias simplesmente alternativas... É como se houvesse um princípio de incerteza não só na realidade física, mas na própria lógica».*

Jung liga esta intuição à tradição iniciática da alquimia: em todo processo de transformação autêntica, são necessários três elementos e um «quarto» que os resume num nível superior. É a quaternidade que unifica, o famoso *«quartum non datur»*. Esta visão reflete-se, por exemplo, no simbolismo da cruz (quatro braços), no mandala oriental, nas imagens arquetípicas que povoam os sonhos de Pauli. Assim, a matemática do *«quarto* incluído» não é apenas uma provocação filosófica, mas a tentativa de compreender os processos profundos que unem matéria e consciência.

No contexto da física quântica, até a realidade subatómica parece violar as leis clássicas do *«terceiro excluído»*. O princípio da indeterminação, a sobreposição de estados, o entrelaçamento (entanglement quântico) levam os cientistas a aceitar que o estado de um sistema não é simplesmente «aqui ou ali», «ligado ou desligado», mas pode permanecer numa zona de indeterminação. É nesta zona intermédia, aberta ao estranho, que Jung e Pauli vêem a chave para o futuro do conhecimento humano.

O seu diálogo influencia tanto os círculos intelectuais suíços que, na década de 1950, Jung fala nos seus seminários sobre o «*Logos* tetradicus», a lógica do quatro, e a ETH de Zurique torna-se, por algum tempo, um ponto de encontro único entre físicos, matemáticos e psicanalistas. Não é mais apenas uma questão de causalidade ou casualidade, mas de um pacto simbólico entre os opostos. À pergunta «uma coisa é ou não é», Jung e Pauli respondem: a realidade autêntica é mais vasta do que pensamos; talvez exista um «quarto» em que o inconsciente coletivo e as leis quânticas se refletem um no outro.

O seu legado torna-se, assim, muito atual. Num mundo em que nos movemos entre dualismos exasperados, o desafio do *«quarto* incluído» convida-nos a pensar a complexidade, a ousar a ambivalência, a cultivar a riqueza dos encontros que geram sentido para além de qualquer alternativa obrigatória. Uma herança preciosa, que ainda hoje oferece ferramentas para abraçar o desconhecido – e talvez para compreender algo do mistério último que une a mente e o átomo.

Para aprofundar: as raízes antigas desta reflexão encontramse na filosofia platónica (o mundo das ideias e a participação dos opostos), na mística cabalística (os quatro mundos), na própria lógica paraconsistente contemporânea. O percurso e , iniciado nos cafés de Zurique por volta de 1932, continua a ser hoje um dos testemunhos mais originais e visionários do encontro entre a ciência e a alma.

Quarto incluído ou quarto excluído? Vamos esclarecer.

Quando duas mentes extraordinárias como Carl Gustav Jung e Wolfgang Pauli se encontram, a história do pensamento é enriquecida por um diálogo raro, capaz de desafiar não só as fronteiras entre a ciência e a psicologia, mas também as da própria lógica ocidental. É no coração da sua correspondência – entre Zurique, Princeton e as atmosferas rarefeitas das conferências de Eranos – que nasce a reflexão sobre o tema do «quarto excluído», ponto de articulação entre racionalidade e mistério.

A viagem parte do famoso princípio do «terceiro excluído», formulado por Aristóteles: uma proposição é verdadeira ou falsa, não há possibilidade intermédia. Este pressuposto (*tertium non datur*), ou seja, *«uma terceira coisa não é* dada», sustenta toda a tradição da lógica clássica e reflete-se nos processos da ciência moderna. Exemplos simples: «Hoje chove ou hoje não chove», «Gauss é um matemático ou Gauss não é um matemático». Ou uma coisa ou outra. A lógica não admite nuances.

No entanto, nos anos turbulentos em que a mecânica quântica lança a física numa era de paradoxos e incertezas – com os trabalhos de Heisenberg, Schrödinger, Bohr e o próprio Pauli – surgem novas formas de pensar. O princípio da indeterminação e o fenómeno do entrelaçamento quebram a linearidade da causa e efeito, deixando vislumbrar uma realidade em que a dicotomia entre verdadeiro e falso, ser e não ser, vacila.

Jung intui que a psique humana abriga uma multiplicidade de estados, que não podem ser confinados a uma lógica binária. Nos seus estudos sobre alquimia, nos mandalas e nos sonhos de Pauli (bem 1500 registrados durante a sua colaboração), aparece frequentemente o simbolismo e da quaternidade: quatro elementos, quatro pontos cardeais, quatro funções da consciência. Jung propõe assim o conceito de «quarto incluído»: não apenas uma terceira possibilidade entre dois opostos, mas uma realidade superior onde os opostos se reconciliam, sem se anularem. Esta «quarta dimensão» torna-se para eles a matriz da sincronicidade, onde o sentido e o acaso se entrelaçam para além das regras causais.

Se o «quarto excluído» permanece fiel à lógica aristotélica («um é excluído dos outros»), o «quarto incluído» junguiano inverte a perspetiva. Aqui, lógica e ilógica, ordem e caos, consciente e inconsciente não são mais contraditórios a serem separados, mas pólos a serem integrados. Pensemos, por exemplo, no ouroboros, a serpente que morde a própria cauda: símbolo da unidade dos opostos, que Jung e Pauli assumirão como emblema da sua exploração.

Uma anedota significativa: durante as discussões com Jung, Pauli sonha frequentemente com figuras geométricas, como o mandala de quatro partes, que interpreta como imagens da totalidade psíquica. Jung sugere que a consciência ocidental, demasiado presa ao dualismo, precisa de uma «quarta função» – a parte excluída, integrativa – para aceder a um conhecimento mais profundo. O próprio Pauli, como físico, reconhece que as pesquisas sobre a natureza do átomo o levaram ao limite da lógica. Pauli escreve:

> *«A comparação entre a física quântica e a psicologia mostra-nos que nem a natureza, nem a psique são redutíveis a categorias simplesmente alternativas».*

A virada se manifesta no ensaio escrito a quatro mãos, "*Naturerklärung und* Psyche" (1952). Os autores afirmam que: se a ciência clássica exclui o terceiro elemento e qualquer outro além do dualismo, a sua visão introduzirá um princípio holístico em que cada fenômeno pode ser visto como um nó de uma rede mais ampla. A sincronicidade, neste quadro, não é mais um paradoxo, mas o indício de uma realidade estratificada, capaz de incluir o incluído e o excluído, a ordem da física e a ambivalência do inconsciente coletivo.

No plano cultural, esta perspetiva encontra ressonância nos sistemas simbólicos da alquimia, no pensamento cabalístico, nos mandalas tibetanos e na ideia platónica de uma realidade invisível que acolhe as diferenças na unidade. Hoje, mesmo algumas lógicas paraconsistentes e a lógica fuzzy mostram como as fronteiras entre o verdadeiro e o falso são menos rígidas do que se pensava.

Em resumo: o «quarto excluído» é a regra que separa, o «quarto incluído» é o horizonte que une. Jung e Pauli ensinam-nos que só ousando ir além dos automatismos do pensamento binário podemos compreender — na ciência como na alma — a riqueza da ambiguidade, a profundidade das coincidências significativas, a verdade que nasce do encontro dos opostos.

A luta entre exclusão e inclusão.

O «terceiro excluído» é o guardião severo da lógica clássica. Ele exclui, literalmente, tudo o que não está em conformidade com o seu dualismo. Durante séculos, esta regra deu estabilidade ao pensamento ocidental, mas também rigidez. Quem é excluído? Tudo o que não se deixa reduzir a «aut-aut»: o paradoxo, a ambiguidade, o mistério, a sombra.

Jung, por outro lado, vem de outra cultura. Desde os seus estudos sobre alquimia, Jung percebe que a alma humana frequentemente rejeita a solução binária. Ele vê na quaternidade – símbolo do todo, da realização – um arquétipo universal. Nos seus mandalas, na cruz, nos quatro elementos, o homem antigo reconhecia uma totalidade perdida. Jung sugere assim a revolução: o que a lógica exclui, a psique inclui. O «quarto incluído» é a parte sombria, o aspeto negado, mas fundamental para alcançar a integridade.

Wolfgang Pauli, explorador inquieto dos mistérios da matéria, encontra as mesmas tensões nos fundamentos da física moderna. Depois de trabalhar com Bohr e Heisenberg, Pauli confronta-se com os paradoxos que perturbam a lógica. No mundo quântico, um , uma partícula pode ser simultaneamente onda e corpusculo, presença e ausência, sem que a lógica clássica consiga explicá-lo. Pauli, nos seus diários, anota:

«Na mecânica quântica, o terceiro parece não só possível, mas inevitável.»

Ele sente que a realidade é mais ampla do que as nossas categorias.

Entre 1932 e 1958, as cartas entre Pauli e Jung tornam-se um laboratório de ideias. Nos sonhos de Pauli aparecem frequentemente símbolos quaternários: a «roda com quatro raios», a «cidade quadrada». Jung interpreta esses símbolos como sinais de uma transformação interior, a busca de um centro capaz de manter unidos os opostos. Jung cita frequentemente a fórmula alquímica: *«quattro unum* sunt» – os quatro são um. Para Jung e Pauli, o que a lógica exclui, a psique deve incluir para não ficar coxa.

Esta luta não é apenas filosófica. Jung acusa a cultura ocidental de ter «exilado o quarto», ou seja, a capacidade de integrar a contradição, o irracional. Incluído por quem? Pela alma, pela natureza, talvez pelo próprio destino. Excluído por quem? Pela consciência racional, pela lógica, pela ciência que renuncia ao que não sabe medir. Mas a realidade, sugerem Jung e Pauli, escapa aos limites da racionalidade estrita.

A teoria da sincronicidade – que nasce precisamente do diálogo entre o psicólogo e o físico – é o exemplo mais vívido do «quarto incluído». Aqui, ordem e acaso, significado e casualidade encontram-se sem se anularem. Para Jung, a sincronicidade revela a lógica do «quarto incluído», onde o interior e o exterior se espelham, onde a lógica e a ilógica podem dialogar.

No plano cultural, esta batalha reflete-se nos grandes simbolismos: o ouroboros que une os opostos, o mandala oriental que representa a totalidade, a cruz cristã que integra o horizontal e o vertical. No século XX, filósofos como Gaston Bachelard e artistas como Paul Klee questionam-se sobre a pluralidade dos olhares e a necessidade de ir além do dualismo.

Quem exclui, então? A razão que teme a desordem, a ciência que foge do mistério, a sociedade que despreza a loucura criativa, estes excluem. A psique que sabe acolher os e s opostos, o espírito que busca a unidade, a arte que abraça a contradição, estes incluem.

A «quarta» realidade e a cultura europeia.

A busca do «quarto excluído» assume quase o valor de um mito contemporâneo. Jung também o chamará de «Unus Mundus», um mundo único e integrado, onde os opostos se reconciliam. A influência da cultura alquímica medieval, tão cara a Jung, permeia essa ideia. Na tábua de Hermes Trismegisto, lê-se «*o que está em cima é como o que está em* baixo»; nas salas da Biblioteca Jung em Kusnacht, entre os papéis anotados com a caligrafia minúscula de Pauli, ecoa esta antiga irmandade entre o microcosmo e o macrocosmo.

Não é por acaso que, precisamente naqueles anos, também o filósofo Erwin Schrödinger refletia sobre as raízes indianas do pensamento quântico e Arthur Koestler escrevia «*O fantasma dentro da máquina*». A cultura europeia respirava a grande questão: ainda podemos distinguir fronteiras rígidas entre mente e matéria?

Filosofia, ciência, psicologia e além.

Imaginemos a cena: uma noite de 1948, na villa suíça de Jung. Lá fora, uma tempestade, e Pauli, com voz baixa e cheia de espanto, conta um sonho noturno em que aparece o «quarto homem», que segura uma esfera dourada. Essa esfera, para Jung, representa a integração, a totalidade psíquica, «o Eu». Para Pauli, é o equivalente quântico: partícula e onda numa única realidade. Naquela noite, a ciência e a espiritualidade se tocam.

Afinal, Pauli admirava o pensamento de Kepler, que via no cosmos não apenas ordem matemática, mas também harmonia oculta, beleza. Pauli escreveu:

«Quando a física e a psicologia se encontram, aproximam-se do mistério original por dois lados distintos, finalmente prontas para se abraçarem».

A busca pelo "quarto excluído" não é apenas uma anomalia filosófica. É uma metáfora poderosa para o nosso tempo. Num mundo fragmentado em opostos irreconciliáveis, Jung e Pauli convidam-nos a reconhecer que a verdade reside apenas no diálogo entre diferentes. A tensão entre a física e a psique, entre a ciência e a emoção, não deve ser resolvida, mas integrada. É uma lição que hoje, na era da incerteza, ainda ressoa como um aviso e uma esperança.

Assim, nas margens silenciosas do lago de Zurique, a noite ainda ouve o sussurro de dois homens — um cientista, um psicólogo — que ousaram procurar o «quarto excluído». Talvez não o tenham encontrado de uma vez por todas, mas deixaram-nos o caminho para continuar a busca.

Como evoluiu o conceito do «quarto excluído»

A evolução da compreensão do «quarto excluído» na colaboração entre Jung e Pauli foi gradual e profunda, passando por várias etapas fundamentais que marcaram tanto a sua reflexão teórica como a experiência pessoal de ambos.

A noção de «quarto excluído» surgiu nas suas primeiras discussões, a partir dos encontros terapêuticos em 1932. Inicialmente, o tema surgiu dos sonhos e conflitos internos de Pauli, que encontravam expressão simbólica na quaternidade, típica tanto da alquimia quanto das estruturas arquetípicas (por exemplo, quatro elementos, quatro funções psíquicas em Jung, quatro números quânticos na física).

Nesse período, o «quarto excluído» já era intuído como uma resposta às insuficiências do pensamento estritamente dual (por exemplo, consciente/inconsciente, matéria/espírito). Jung e Pauli começaram a explorar a ideia de que, para uma compreensão mais completa da realidade, era necessário ir além dessas simples oposições.

Aprofundamento através do simbolismo (anos 30 e início dos anos 40)

Com a análise sistemática dos sonhos de Pauli, Jung e Pauli perceberam que o simbolismo da quaternidade, recorrente nos sonhos (quatro cantos, cruzes, mandalas, etc.), representava uma estrutura arquetípica universal. Esta estrutura era vista como um , o modelo subjacente tanto à ordem interior (psicológica) como à exterior (física).

O aparecimento da quaternidade nos sonhos e nos símbolos alquímicos sugeria que a superação dos dualismos poderia ocorrer através da integração de uma quarta função ou princípio. Neste contexto, o «quarto excluído» era entendido como o elemento que permite a integração e a totalidade, e que reconcilia as tensões entre pólos opostos.

Para Jung, o chamado «quarto excluído» era, portanto, a função que faltava e que o Ocidente racional tinha expulso do seu horizonte: a intuição, o inconsciente, a capacidade de integrar o que foi separado. Nesta nova visão, o «quarto excluído» já não era uma regra de exclusão, mas o próprio princípio da integração. Era o que permitia superar a divisão entre os pólos opostos, realizando uma nova unidade.

Nas visões alquímicas – que Jung estudava na Biblioteca de Genebra ou entre os tratados empoeirados de Basileia – o símbolo da quaternidade aparecia continuamente: os quatro elementos, as quatro estações, as fases da grande obra. Jung ligava estas imagens também às teorias de Platão, às cruzes cristãs, aos mandalas budistas. Ele procurava na arte, na religião e na história dos povos os traços dessa capacidade de incluir, através do «quarto», o que a lógica havia excluído.

Pauli, por seu lado, confessava que os sonhos o empurravam cada vez mais para um modelo de conhecimento não linear. Nas suas cartas de 1946, dirigidas a Jung a partir do seu escritório em Zurique, Pauli afirmava:

> *«Não se pode compreender a natureza se se insiste em excluir o elemento integrador, aquele que mantém unidos os opostos».*

Essa era a revolução: a consciência não basta, é preciso dar espaço àquele «quarto» evocado pela psique, mas ignorado pelos sistemas lógicos tradicionais.

A evolução do conceito de «quarto excluído» foi, portanto, também uma evolução cultural. A própria época, marcada pelos grandes traumas e mudanças da primeira metade do século XX, exigia uma nova capacidade de integração. Jung e Pauli responderam identificando, dentro e fora de nós, a necessidade de uma totalidade que não nega os conflitos, mas os abraça.

Nesta colaboração, a ciência e a alma encontraram uma linguagem comum. O «quarto excluído», através do filtro simbólico dos sonhos e da alquimia, tornou-se a chave para pensar a complexidade. Um percurso que ainda hoje fascina e desafia quem procura, entre a racionalidade e o mistério, uma visão menos fragmentada do mundo.

Influência da física e da alquimia (anos 40).

Nas suas reflexões, Pauli relacionou a quadridimensionalidade da realidade física com a busca da totalidade psíquica. Pauli escreveu a Jung:

> *«Não existe apenas o verdadeiro ou o falso, mas também uma dimensão que os inclui e os ultrapassa.»*

As simetrias profundas das partículas elementares sugeriam a existência de uma estrutura ordenadora cujo símbolo preferido era precisamente o quatro: quatro direções, quatro elementos, quatro funções da psique segundo Jung (pensamento, sentimento, intuição, sensação).

Carl Jung não ficou menos impressionado com estas correspondências. Há muito tempo imerso no estudo da alquimia, Jung encontrou nos textos herméticos do século XVII e nas imagens dos alquimistas medievais uma surpreendente afinidade com as novas descobertas da física. Nas suas pesquisas na biblioteca de Basileia e no seu laboratório em Küsnacht, Jung analisava imagens da «coniunctio oppositorum», ou seja, a união dos opostos. O Ouroboros, a serpente que morde a própria cauda, tornou-se para Jung o símbolo da totalidade que nasce da integração daquilo que a lógica tendia a separar.

Foi precisamente na década de 1940 que Jung publicou a sua monumental *obra «Psicologia e* Alquimia», na qual dedicava páginas fundamentais a o da quaternidade. Jung explicava como os símbolos quádruplos refletiam uma estrutura arquetípica do inconsciente coletivo. Segundo ele, a experiência da individuação – o processo de se tornar inteiramente si mesmo – só se completa quando a consciência aceita e integra o «quarto excluído». Este princípio deixava, assim, de ser uma barreira para se transformar num limiar: o elemento que faltava para permitir a recomposição dos opostos e a chegada à totalidade.

As anedotas daqueles anos estão repletas de intuições. Numa carta de 27 de fevereiro de 1946, Pauli escreveu da sua casa em Zurique:

> *«A quaternidade não é apenas um fator matemático ou fisiológico, mas o reflexo de uma ordem cósmica que a psique reconhece e a física confirma.»*

Na correspondência entre os dois grandes pensadores, o paralelismo torna-se continuamente explícito: os princípios da física quântica e a linguagem simbólica da alquimia mostram os mesmos sinais de uma racionalidade mais ampla, capaz de incluir o que tradicionalmente foi removido ou negado.

Lugares e personagens entrelaçam-se nesta viagem intelectual: a Zurique culta dos anos 40, com as suas conferências e laboratórios; a silenciosa Princeton, onde o exílio dos cientistas europeus abria novas perspetivas; a Basileia dos manuscritos alquímicos. Em torno de Jung e Pauli movem-se figuras como Marie-Louise von Franz, que deu continuidade aos estudos sobre simbolismo, e André de Muralt, com quem Jung discutiu as consonâncias entre a filosofia alemã e o pensamento simbólico.

Também a cultura mais ampla foi envolvida. Jung remetia aos mandalas orientais, às cruzes celtas, aos mitos platónicos da *tetraktys*, sublinhando que a quaternidade não era apenas um «modelo» europeu, mas um arquétipo universal. Pauli, entretanto, citava Heisenberg e Bohr para mostrar que também a física precisava agora de categorias mais flexíveis.

Ao longo da década de 1940, a visão do «quarto excluído» mudou profundamente: de princípio limitativo, tornou-se recurso gerador. Jung, através da alquimia, e Pauli, através da física e , cooperaram para mostrar que só integrando o que parece oposto, mas complementar, é possível aproximar-se da compreensão da realidade, dentro e fora de nós.

Este diálogo continua a ser hoje um modelo de como o pensamento humano pode superar os seus próprios limites, incluindo-os. E de como a mente e o átomo, por um momento, se encontraram realmente no terreno fértil da sincronicidade e do símbolo.

Desenvolvimento da sincronicidade e visão unitária (final da década de 1940 – início da década de 1950)

Em 1952, Jung publicou o ensaio fundamental «*Sincronicidade: um princípio de conexões acausais*». Neste texto, Jung reconheceu que as coincidências significativas – aqueles momentos em que acontecimentos físicos e estados psíquicos se entrelaçam sem ligação causal aparente – expressam uma ordem subtil, não atribuível à lógica binária da ciência clássica.

O conceito de «quarto excluído» adquiriu aqui uma nova centralidade. Pauli, refletindo sobre a física, lembrava que o princípio aristotélico da exclusão – tudo é verdadeiro ou falso, *tertium non datur* – vacilava precisamente no reino da matéria subatómica. O elétron, por exemplo, não podia mais ser descrito segundo uma dicotomia rígida. Eram necessários quatro números quânticos para definir a sua identidade: uma recorrência do quatro que Pauli considerava arquetípica, não apenas matemática.

Aproveito para mencionar os quatro números quânticos necessários para definir a identidade de um elétron:

- *Número quântico principal* (n): indica o nível energético do elétron dentro do átomo, ou seja, a "distância" média do núcleo.
- *Número quântico azimutal* (l): determina a forma do orbital em que o elétron se encontra.
- *Número quântico magnético* (m_l): especifica a orientação do orbital no espaço em relação aos possíveis eixos magnéticos.
- *Número quântico de spin* (m_s): Indica a direção do momento angular intrínseco do elétron, ou seja, se o seu spin é "para cima" ou "para baixo".

Estes quatro números, juntos, permitem descrever de forma completa e única cada elétron no átomo e representam precisamente aquela estrutura quádrupla que Wolfgang Pauli considerava profunda e universal, além de puramente técnica.

Jung viu no «quarto excluído» o símbolo filosófico da totalidade. Não mais um terceiro removido, mas um quarto que integra o que a lógica opõe. Nesta perspetiva, o «quarto excluído» tornou-se o princípio que torna possível a sincronicidade: um espaço liminar onde interagem a psique e a matéria, a mente e o universo.

Aqui surge a noção de *«unus mundus»*. O unus mundus representava, para Jung e Pauli, uma realidade unificada em que tudo — eventos, sonhos, partículas, ideias — era reconduzível a uma matriz comum, irredutível à mera casualidade mecânica.

A correspondência entre Pauli e Jung, que se tornou mais assídua entre 1948 e 1951, testemunha esse "trabalho de fronteira". Pauli escrevia de Zurique:

«Sempre que surge uma estrutura de quatro elementos, sinto o eco de uma ordem oculta, que parece ligar as nossas ideias às mesmas leis da natureza.»

Jung, do seu estúdio em Küsnacht, respondia:

«A ciência terá de aprender a considerar a realidade como um todo inseparável, onde os fenómenos interiores e exteriores revelam uma raiz arquetípica comum.»

Esta passagem marcou uma viragem epistemológica. Não se tratava mais apenas de explicar os fenómenos psíquicos ou físicos, mas de hipotetizar uma nova ciência da totalidade. Pauli foi um dos primeiros físicos a reconhecer que a mecânica quântica, com a sua lógica de complementaridade, rompia os limites do pensamento e o clássico. Numa carta de 31 de março de 1952, Pauli confessou a Jung:

«A natureza obriga-nos a abandonar o conforto do dualismo. Temos de procurar um nível superior de explicação.»

Jung entendia o simbolismo da quaternidade como uma chave não apenas psicológica, mas cosmológica. Nos sonhos de Pauli — muito conhecidos no campo da psicologia analítica —, apareciam imagens de cruzes, mandalas, quadrados e círculos: estruturas que representavam o desejo de totalidade, o anseio por superar a fragmentação. Um dos sonhos mais famosos, partilhado por Pauli em 1948, apresentava uma cidade com quatro portas, dentro da qual as diversidades se conciliavam e se alcançava a paz interior.

A visão unitária desses anos – entre 1949 e 1952 – influenciou também outros âmbitos culturais. A ideia *do unus mundus* foi retomada por filósofos como Erich Neumann e historiadores das religiões como Mircea Eliade, que viram nela a restauração de uma antiga sabedoria integrativa. Para Jung e Pauli, porém, não se tratava apenas de metafísica antiga: era um desafio lançado à ciência moderna, para que se abrisse a um conhecimento que não separasse mais o observador do universo.

No final deste percurso, o «quarto excluído» não permaneceu um paradoxo lógico. Tornou-se o símbolo de uma passagem: a passagem para uma nova forma de entender a realidade, onde o acaso e o significado, a matéria e a mente se encontram.

Reflexões maduras e síntese (anos 50).

Nos anos 50, o diálogo entre Carl Jung e Wolfgang Pauli atingiu uma profundidade rara no panorama cultural europeu. Nesta fase madura da sua colaboração, o conceito de «quarto excluído» saiu dos limites da lógica formal para se transformar no princípio fundamental de uma visão integrada da realidade. O que nasceu como uma disputa filosófica entre o verdadeiro e o falso, entre o e m e o exterior, encontrava agora a sua síntese numa perspetiva radicalmente nova, capaz de conectar intuições antigas e descobertas modernas.

No final da Segunda Guerra Mundial, a Europa reorganizava-se intelectualmente. Jung era já considerado um dos grandes pensadores do século, enquanto Pauli dava aulas e conduzia pesquisas em Zurique, mas confrontava-se constantemente com o pensamento vanguardista proveniente da América, de Princeton e de Copenhaga. A correspondência entre os dois documenta uma pesquisa comum: superar a fratura entre espírito e matéria, entre observador e observado.

Naqueles anos, o «quarto excluído» foi progressivamente reinterpretado. Jung já não o via apenas como o termo que faltava numa tríade, como acontecia na alquimia com a tríade sal-mercúrio-enxofre, à qual se acrescenta a pedra filosofal. Jung começou a defini-lo como o próprio fundo em que se dão as polaridades: o lugar onde os opostos se integram, o tecido conjuntivo oculto que une psique e matéria. Ele escreveu em 1951:

«Só através da realização do quarto se completa a totalidade; o que excluímos torna-se o próprio fundamento da realidade.»

Pauli, por sua vez, trazia para o diálogo exemplos concretos da física contemporânea. Ele explicava como o princípio de exclusão — por ele mesmo formulado — era um exemplo de "lógica quádrupla": cada elétron, para se definir, requer quatro números quânticos, nenhum dos quais pode se repetir no mesmo estado. Esta visão quebrava o dualismo clássico e sugeria uma multiplicidade ordenada, uma «sinfonia a quatro vozes» que remetia para o arquétipo universal do mandala. Numa carta a Jung, em 1953, Pauli escreveu:

«Percebo agora que a tarefa mais urgente da ciência é encontrar os pontos de conexão entre as nossas diferentes ordens de realidade.»

Este caminho levou ambos a levar a sério símbolos antigos: o quadrado, a cruz, a roda de quatro raios, figuras que e apareciam tanto nas visões místicas como nos diagramas dos cientistas.

Jung, imerso em imagens alquímicas, frequentava a biblioteca universitária de Basileia para estudar tratados nunca traduzidos para o alemão. Ele via no «Ouroboros», a serpente que anula todas as fronteiras, um ícone da totalidade em que o «quarto excluído» não é um detalhe acrescentado, mas o próprio círculo que une os extremos. Nos sonhos analisados em conjunto — alguns dos quais narrados por Pauli nos seus diários em 1950 — recorriam estruturas de quatro: cidades com quatro portas, quadrados luminosos colocados no centro de labirintos, círculos divididos em quartos. Pauli ficou impressionado com estas imagens, que também encontrava nas simetrias das partículas subatómicas e na estrutura dos cristais.

A colaboração atingiu o seu auge quando os dois estudiosos identificaram no conceito de unus mundus um terreno comum. Jung escreveu:

«O unus mundus representa a realidade original, além da divisão entre mente e mundo.»

Pauli, entusiasmado, relacionava essa noção à busca por um campo unificado na física.

Eles não estavam sozinhos nessa jornada. Personalidades como Marie-Louise von Franz, colaboradora de Jung, contribuíram para desenvolver essas ideias, enquanto o historiador das religiões Mircea Eliade e o filósofo Erich Neumann absorveram as implicações em seus estudos. Os congressos de Eranos, dos quais Pauli frequentemente participava, tornaram-se laboratórios privilegiados para a difusão dessas visões.

O eco deste trabalho espalhou-se rapidamente. O interesse pela integração dos opostos influenciou artistas como Paul Klee e poetas como Hermann Hesse, que nas suas obras procuraram a reconciliação entre a visão interior e o mundo exterior.

No final dos anos 50, a reflexão amadurecida sobre o «quarto excluído» produziu uma verdadeira revolução epistemológica. Jung e Pauli demonstraram que só integrando o que a lógica separa é possível uma visão e e holística, onde sujeito e objeto, consciente e inconsciente, física e psicologia participam da mesma ordem. Nessa ordem, a realidade não se reduz mais a objetos isolados, mas se desdobra como uma rede dinâmica de conexões: a matéria está impregnada de sentido, a mente de ordem.

A história de Jung e Pauli continua a ser um exemplo brilhante de como a ciência e a filosofia, juntamente com a herança espiritual, podem gerar uma visão nova e mais profunda do homem e do cosmos. O «quarto excluído», de simples princípio de negação, tornou-se uma ponte entre mundos separados, um recurso para pensar a complexidade e um germe de uma nova cultura da totalidade.

O problema da totalidade e o Unus Mundus.

Quando se fala da colaboração entre Carl Gustav Jung e Wolfgang Pauli, entra-se no cerne de uma das tentativas mais ambiciosas do século XX de pensar a realidade de forma unitária, além da separação entre mente e matéria. O ponto central deste diálogo é o problema da totalidade e o conceito de *Unus Mundus:* a ideia de que a psique e a física não representam mundos separados, mas são duas manifestações de uma ordem oculta e primordial, uma «realidade única» da qual ambas derivam.

Jung introduziu este conceito retomando antigas tradições filosóficas e sapienciais. O antepassado do Unus Mundus pode ser encontrado em Hermes Trismegisto e na Tábua Esmeraldina, onde é famoso o lema hermético: *«Como é acima, assim é abaixo»*. Essa fórmula sugere um paralelismo profundo entre os processos psíquicos e os cósmicos. Também Paracelso, grande alquimista renascentista, falava de uma matéria-prima em que se encontram o espírito e a matéria, uma substância fundamental da qual nasce a multiplicidade do mundo fenomenal. Nos seus escritos, Paracelso sugeria uma visão em que cada aspeto da realidade visível é eco de uma estrutura invisível subjacente.

Wolfgang Pauli trouxe para a conversa um ponto de vista absolutamente inédito. Pauli estava fascinado pelos limites da mecânica quântica e questionava-se sobre o «vazio» que parecia separar o objeto observado do sujeito observador. Ele reconheceu, também graças ao encontro com Jung, que a física mais avançada (em particular a quântica) remete para uma realidade «neutra», não alternativamente mental ou material, mas capaz de se manifestar como ambas, dependendo do contexto.

Jung, como psicólogo, observava como os arquétipos (imagens universais e estruturas psíquicas partilhadas, como o Ouroboros, o círculo, a cruz) emergem dos sonhos, dos mitos e da cultura, com formas surpreendentemente semelhantes em épocas e civilizações diferentes. Ele deduziu que essas matrizes simbólicas estão enraizadas numa dimensão do ser que precede a distinção entre «interno» e «externo». Daí surgiu a intuição de que, na origem, existe uma matriz única: Unus Mundus, precisamente.

A filosofia da totalidade também inspira Leibniz, que com o seu conceito de «monada» procura imaginar o universo como um tecido de pontos de vista infinitos sobre a mesma realidade. Cada monada, embora distinta, reflete o Todo, e esta visão antecipa o pensamento moderno sobre a coexistência de múltiplas camadas ou «planos da realidade», como sublinha a tradição esotérica e a própria teosofia.

Jung e Pauli foram além das suas respetivas disciplinas. Nos seus diálogos, Pauli contou o sonho de um homem semelhante a Einstein que lhe mostrava a física quântica como uma *«secção* unidimensional» de uma realidade mais rica, bidimensional, da qual o inconsciente representa a *«dimensão que falta»*. Este nível profundo, inexplicável pela lógica clássica, é o que ambos chamaram de Unus Mundus.

Jung viu na sincronicidade (as «coincidências significativas» sem ligação causal) o traço experimental desta unidade. Para ele, sincronicidade significa que eventos mentais e materiais podem manifestar-se de acordo com um sentido, precisamente porque partilham a mesma raiz. A famosa correspondência entre Jung e Pauli, conservada em Zurique e parcialmente publicada, oferece inúmeros testemunhos desta investigação: Pauli escreveu que:

«psique e physis são como duas faces da mesma moeda»,

e Jung respondia:

«A ciência terá de compreender que o mundo interno e o mundo externo são distintos apenas na nossa perceção».

Marie-Louise von Franz, colaboradora de Jung, salientou que o Unus Mundus não é apenas um pano de fundo mítico: é o princípio que torna possível tanto a física como a psicologia. Na ordem unitária do Unus Mundus não há distinções insuperáveis entre mundos interiores e exteriores, entre energia e matéria, entre indivíduo e coletividade. Como nas simetrias quânticas ou nos mandalas dos sonhos, na profundidade a realidade aparece indivisa.

A referência a Hermes Trismegisto, a Paracelso, a Leibniz, serve, portanto, para lembrar que a intuição de uma totalidade precede a ciência moderna, mas não lhe é estranha: atravessa-a como uma corrente subterrânea, desde o mistério da alquimia até à complementaridade da física quântica. Nesta perspetiva, a colaboração entre Jung e Pauli surge como uma das sínteses mais fecundas entre a ciência e o conhecimento simbólico do século XX, um espelho da necessidade humana de reconhecer que tudo é Um.

Aplicação do conceito do Quarto Excluído.

O conceito de «quarto excluído» (em alemão: *das Einbeziehen des ausgeschlossenen Vierten*), tal como entendido por Jung e Pauli, representa uma das chaves mais profundas do seu diálogo interdisciplinar entre a psicologia e a física.

Em termos simbólicos e arquetípicos, o «quatro» representa a totalidade, a completude, em relação à divisão dualística (dois) ou mesmo à mediação (três). Nos sonhos de Pauli, de facto, apareciam frequentemente imagens quaternárias (como o mandala de quatro secções, a cruz, a quadratura do círculo) que Jung interpretava como expressões de uma tendência psíquica para a integração das polaridades numa totalidade superior.

O «quarto excluído» como integração dos opostos.

Jung e Pauli viam o «quarto excluído» como o símbolo de um processo psíquico fundamental: a superação da divisão entre pólos opostos (como consciência/inconsciente, matéria/espírito, racional/irracional).

Nesse sentido, o «quatro» é a imagem da psique individuada, da unidade reencontrada que inclui e transcende as tensões dualísticas.

Nos sonhos de Pauli, podia aparecer, por exemplo, uma figura feminina misteriosa ao lado de três figuras masculinas: esta «quarta presença» simbolizava a reconciliação das partes separadas, o advento de uma nova dimensão que recompone o todo.

O quarto excluído como reflexo na psicologia e na física.

Para Jung, a estrutura quaternária era uma constante nos arquétipos (mandalas, cruzes, quaternos alquímicos), manifestação de uma lei universal da alma.

Pauli, por sua vez, reconhecia nela analogias com constantes fundamentais da física (os quatro números quânticos do elétron, as simetrias quádruplas na natureza, etc.), encontrando precisamente no «quarto excluído» uma ponte entre a ordem psíquica e a ordem física.

Ambos se questionavam: é possível que na base da realidade exista uma estrutura unitária que se reflete tanto na psique quanto na matéria?

O quarto excluído como impulso para o conhecimento integrado.

Entre as principais implicações das suas discussões, destaca-se a necessidade de ultrapassar as fronteiras tradicionais entre ciência e espiritualidade. O «quarto excluído» torna-se, assim, símbolo de um conhecimento que integra, capaz de abraçar tanto a dimensão objetiva (física) quanto a subjetiva (psíquica), restituindo uma visão mais ampla e inclusiva da verdade.

Sincronicidade e «quarto excluído».

A teoria da sincronicidade foi um dos campos mais férteis para testar essa ideia: a sincronicidade representa um fenómeno que escapa à alternativa causalidade/acidentalidade, introduzindo uma ordem significativa (o «quarto») que conecta eventos psíquicos e físicos. Aqui, o «quarto excluído» funciona como uma «função transversal», que unifica os níveis aparentemente separados da realidade.

Em resumo, para Jung e Pauli, o «quarto excluído» não é apenas um conceito lógico, mas um arquétipo da totalidade: o princípio segundo o qual a realidade última não deve ser compreendida por oposições, mas como uma totalidade dinâmica na qual os opostos encontram recomposição. Nos seus diálogos, esta ideia foi o motor de uma visão do real capaz de unir ciência, símbolo, experiência interior e objetividade externa, lançando as bases para um novo paradigma de conhecimento integrado.

Quarto excluído e busca da unidade entre psique e matéria.

No pensamento clássico e na lógica tradicional, o princípio do «tertium non datur» (ou terceiro excluído) afirma que uma proposição só pode ser verdadeira ou falsa, sem uma terceira possibilidade.

Jung e Pauli, por outro lado, falavam do «quarto excluído» como um elemento superior que integra e supera as oposições dualísticas (consciente/inconsciente, espírito/matéria, racional/irracional). Esta «quarta função» ou «quarto elemento» não elimina os pólos opostos, mas inclui-os numa totalidade mais ampla.

Jung e Pauli perceberam que reduzir a realidade apenas a opostos exclui precisamente a possibilidade de compreendê-la de forma completa. O «quarto excluído» representa, portanto, uma saída da oposição estéril entre o psicológico e o físico, introduzindo a possibilidade de sua integração numa totalidade superior.

Pauli, ao estudar fenómenos como a simetria e a estrutura quaternária na física, viu fortes semelhanças com os símbolos psicológicos e alquímicos analisados por Jung, como a «quaternidade» (os quatro elementos, os quatro pontos cardeais, o mandala de quatro partes).

Isso sugeria que na estrutura profunda da realidade (tanto psíquica quanto material) existe uma ordem «quádrupla», capaz de integrar e explicar a pluralidade dos aspetos.

O «quarto excluído» favoreceu uma abordagem holística: não se trata simplesmente de somar psique e matéria, mas de reconhecer um princípio unificador subjacente (que Jung identificou posteriormente também com a sincronicidade). Este princípio permite captar as correspondências significativas entre eventos psíquicos e físicos como manifestação de uma única ordem profunda.

Através do simbolismo alquímico (a «coniunctio oppositorum» e a recorrência da quaternidade), o «quarto excluído» apresenta-se como metáfora do processo de individuação (integração da pessoa), mas também como modelo para pensar uma unidade psicofísica a nível universal.

Foi graças a esta reflexão que Jung chegou a formular a sincronicidade não apenas como coincidência de eventos internos e externos, mas como expressão de uma realidade unificada, onde psique e matéria se refletem de acordo com um princípio de ordem e significado superior («unus mundus»).

A ideia do «quarto excluído» permitiu a Jung e Pauli ir além do dualismo psique-matéria e conceber a possibilidade de uma realidade total, na qual as oposições se integram numa síntese superior. Isso favoreceu o desenvolvimento de uma perspetiva em que os fenómenos físicos e os processos psicológicos são expressões diferentes de uma mesma ordem profunda e interligada, abrindo caminho para uma nova ciência da totalidade e da relação entre o homem e o universo.

O diagrama psíquico de Jung e Pauli.

O ponto central da sua colaboração toma forma num famoso esquema. É o chamado diagrama dos quatro, ou «mandala da psique». Jung descreve-o assim:

«A totalidade da psique é formada por quatro instâncias fundamentais: o Eu, a Sombra, a Alma/Animus e o Si».

Neste esquema, Jung vê a essência do ser humano — os pólos que se atraem e se repelem na dinâmica interior da consciência.

Wolfgang Pauli fica profundamente impressionado com esta estrutura. Pauli, habituado a pensar em termos de simetria, reencontra neste esquema a sua própria visão da realidade subatómica. Pauli observa que, na física quântica, as partículas elementares são definidas por quatro números quânticos: número principal, número secundário, número magnético e número de spin. Esta estrutura quádrupla reflete, segundo ele, a mesma lógica arquetípica que Jung identifica na psique.

Pauli escreve numa carta a Jung, datada de 27 de fevereiro de 1953:

«Vejo nas quaternas uma imagem universal. Encontro-a no coração tanto da matéria como do espírito».

Nestas palavras, percebe-se toda a força do entrelaçamento da alma. A mente e o átomo refletem-se um no outro, segundo os dois estudiosos. A sincronicidade torna-se uma ponte entre as ciências do espírito e as da natureza.

Não por acaso, Jung recorre frequentemente à simbologia do quaternário. Na sua obra *Aion* (1951), Jung sublinha como a estrutura quádrupla é universal nos símbolos arcaicos: os mandalas budistas, a cruz cristã, as quatro direções do mundo. Também a cabala judaica discute uma «quaternidade» nos nomes sagrados d . Na tradição alquímica, encontramos os quatro elementos: terra, água, ar, fogo.

Mircea Eliade, historiador das religiões, destaca nos seus estudos o papel do mandala e da cruz como imagens da totalidade. James Hillman, fundador da psicologia arquetípica, identifica na quaternidade a estrutura profunda da imaginação humana. A alquimia — à qual Jung dedica volumes inteiros — alimenta-se de quaternidades, como mostra o esquema das quatro cores da Obra: *nigredo, albedo, citrinitas, rubedo.*

Uma pequena anedota ilustra o alcance desta colaboração. Em 1948, Pauli enviou a Jung uma série de sonhos em que apareciam figuras geométricas com quatro braços e símbolos de divisão e recomposição. Jung viu nestes sonhos o processo de individuação em curso:

> *«A psique tenta sempre integrar os opostos. A quaternidade é a cifra da totalidade que liga o Eu ao mundo e ao divino».*

O laboratório de Pauli, na ETH de Zurique, torna-se assim uma espécie de templo laico. Lá, átomos e símbolos dançam juntos. Nas páginas da sua correspondência, publicada postumamente, percebe-se um diálogo repleto de alusões, metáforas e jogos intelectuais.

Numa síntese do sentido das suas trocas, Pauli escreve a Jung:

> *«O observador modifica não só a experiência física, mas também a espiritual».*

Jung responde:

> *«A verdadeira observação pressupõe a transformação do próprio observador».*

Os seus mundos encontram-se no mistério da coincidência significativa, onde a física quântica ecoa o inconsciente coletivo.

O diagrama psíquico concebido por Jung e reinterpretado por Pauli não é apenas uma curiosidade teórica. É sinal de uma visão integrada: corpo, mente e cosmos, unidos por profundas ressonâncias. Assim, a cruz dos antigos, o mandala oriental, a tabela dos e s elementos, o trevo da natureza, revelam-se — no pensamento de Jung e Pauli — diferentes aspetos dessa mesma unidade. No entrelaçamento da alma, até a ciência se transforma numa viagem iniciática.

A versão definitiva.

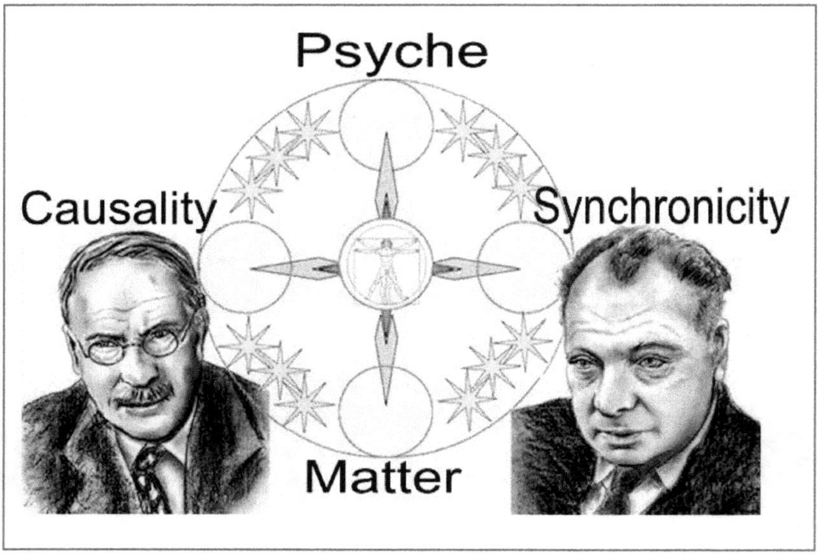

Entre junho e dezembro de 1950, Carl Jung e Wolfgang Pauli, após inúmeras precisões e ajustes, concluíram a elaboração de um «quaternário» que pudesse representar uma realidade cósmica na qual a matéria e a psique fossem reconciliadas num projeto colaborativo comum. Jung, psicólogo muito conhecido, está representado à esquerda na figura, enquanto à direita aparece a imagem de Pauli, Prémio Nobel de Física em 1943 pelos seus estudos de física quântica e, em particular, pela definição do «princípio de exclusão de Pauli».

Os seus trabalhos levaram, através de etapas sucessivas, à elaboração do que é geralmente definido como «Diagrama psicofísico de Pauli-Jung», citado hoje em dia em quase todos os estudos de psicologia. O diagrama pode ser resumido nesta forma simplificada:

No braço esquerdo-direito do diagrama, a causalidade, ou determinismo, equilibra-se com a sincronicidade. Desta forma, espera-se uma colaboração entre a física mecanicista, segundo a qual cada evento está ligado a uma causa que o produz, e o princípio da sincronicidade, que se refere a eventos absolutamente desconexos, mas que se tornam coerentes quando o protagonista lhes atribui um significado.

O braço vertical representa, na parte superior, o mundo da psique, ou seja, o mundo da não localidade, que se equilibra com o mundo inferior, a matéria, relativo à física clássica e dominado pelas quatro dimensões conhecidas, três espaciais e uma temporal.

A muitos não terá escapado que esta representação acaba por assumir o aspeto de um mandala, com quatro braços que poderiam estar encerrados num limite, tanto quadrado como redondo.

O diagrama psicofísico: estrutura e significado.

O diagrama, na sua versão mais conhecida, pode ser imaginado como uma cruz ou, se preferirem, como um mandala. Nos braços horizontais, encontramos, de um lado, a causalidade (determinismo) e, do outro, a sincronicidade. Nos braços verticais, a psique em cima e a matéria em baixo. A representação, como observaram estudiosos como Marie-Louise von Franz, colaboradora de Jung, lembra fortemente os mandalas da tradição oriental e ocidental, símbolos de totalidade.

A vertente horizontal do diagrama reflete duas formas diferentes de pensar a conexão dos eventos. Por um lado, a causalidade clássica: A causa B, segundo a sequência inexorável típica da física newtoniana e da lógica racional. Por outro lado, a sincronicidade, termo introduzido por Jung em 1952. Na sincronicidade, eventos aparentemente sem relação causal assumem um significado profundo apenas porque estão correlacionados e es na percepção de um indivíduo, sem nenhuma causalidade aparente.

O braço vertical, por outro lado, representa o polo da psique (em cima) e o da matéria (em baixo). Pauli, que cresceu com a ideia de que tudo era passível de ser reduzido às leis da física, ficou chocado ao entrar em contacto com a profundidade do inconsciente junguiano. O físico suíço se deparou com um «mundo da não localidade», onde imagens, símbolos e arquétipos parecem emergir de uma realidade mais profunda e compartilhada: o inconsciente coletivo. Na parte inferior, por outro lado, está a matéria: concreta, ordenada, definida pelas três dimensões do espaço mais a dimensão do tempo, fundamentos sólidos da ciência clássica.

Os quatro pólos, dispostos em cruz, são frequentemente enquadrados por Jung e Pauli numa circunferência ou num quadrado, criando assim uma estrutura mandálica. O mandala, na tradição oriental (e no pensamento junguiano), é o símbolo da totalidade e da ordem interior. O próprio Jung fala disso em seu livro *«O Segredo da Flor de* Ouro» como um modelo para representar o equilíbrio entre as forças opostas da personalidade.

A geometria do diagrama está longe de ser aleatória. O próprio Pauli, que tinha uma profunda cultura filosófica além da física, reconheceu nos mandalas de Jung a mesma tensão em direção à totalidade que a física quântica encarna no conceito de entrelaçamento: a famosa «conexão fantasma à distância», em que duas partículas permanecem misteriosamente entrelaçadas, mesmo a anos-luz de distância.

Não é de surpreender, portanto, que Pauli fosse fascinado por coincidências significativas: em sua vida, ocorreram frequentemente «acidentes» que hoje chamaríamos de premonitórios. É famosa a história dos instrumentos de laboratório que explodiam apenas quando Pauli entrava nos institutos de física, tanto que entre seus colegas circulava a piada da «maldição de Pauli», uma espécie de sincronicidade involuntária.

O diagrama Jung-Pauli nasceu num período de grande efervescência cultural. Estamos na Zurique dos anos 30 e 40, um cruzamento de intelectuais, místicos, matemáticos e estudiosos da psique. Jung dirige o seu famoso Bollingen e publica ensaios sobre a psicologia dos arquétipos. Pauli, com apenas 30 anos, impõe-se como o aluno mais brilhante de Niels Bohr.

Em 1952, o livro «*A interpretação da natureza e da* psique», escrito em coautoria por Jung e Pauli, é publicado pela editora Rascher, em Zurique. Nele, a teoria da sincronicidade é apresentada juntamente com as reflexões de Pauli sobre a natureza profunda da realidade. O próprio Pauli escreve:

> *«No futuro, provavelmente, teremos de aprender uma terminologia que não pertença nem à psicologia nem à física, mas que compreenda ambas».*

Talvez fosse uma antecipação do próprio diagrama.

Hoje, o diagrama psicofísico de Jung e Pauli é objeto de estudo tanto nas ciências humanas quanto nas ciências exatas. Jung e Pauli indicam que a realidade não se esgota no determinismo científico, nem no misticismo subjetivo, mas se situa num terreno limítrofe. No quadrante superior direito do diagrama, onde a sincronicidade se cruza com a psique, abrem-se novas possibilidades: são as regiões onde se manifestam as coincidências significativas, as intuições e as descobertas artísticas.

Jung e Pauli, caminhando juntos nas margens do Lago de Zurique, indicaram um caminho ainda pouco percorrido: aquele que busca uma linguagem para unir o átomo e a alma, o visível e o invisível. O seu legado é um convite a quem busca a totalidade: onde a mente encontra a matéria, nasce o mistério da experiência humana.

O homem no centro de tudo.

A figura mostra uma representação mandálica do diagrama psicofísico de Jung-Pauli. Como o todo não teria sentido se não fosse aplicado ao homem, no centro do mandala inseri a ícone do homem vitruviano que, no entanto, não pretende representar apenas o habitante do planeta Terra, mas todas as formas de inteligência presentes no universo. Na verdade, o mandala de Pauli-Jung é um símbolo universal.

A representação mandálico do diagrama, tal como aparece na figura, coloca o homem numa posição precisa, no centro das forças que animam e movem todo o cosmos. Nesta posição, o homem adquire a consciência de uma realidade não só material, mas também psíquica, que o faz sentir-se protagonista. De facto, que motivo teria um cosmos psíquico para existir, se não fosse para envolver também o homem, único ser capaz de compreender o que significa a psique?

A psique nobilita a matéria (da qual também o homem é feito), mas acima de tudo domina-a, pois a matéria pode ser apenas mecanicista, enquanto a psique é também criatividade e capacidade de planeamento.

V° . A sincronicidade.

A sincronicidade como base comum.

A ligação entre a sincronicidade e as reflexões de Pauli.

A teoria da sincronicidade de Jung está intimamente ligada às reflexões de Pauli sobre a física e a natureza da realidade, dando origem a um diálogo único entre a psicologia profunda e a ciência moderna.

Segundo Jung, a sincronicidade representa aquelas «coincidências significativas» em que um evento psíquico (como um sonho, uma ideia, uma intuição) encontra uma correspondência num evento objetivo externo sem que haja uma relação causal direta. Pauli, como físico quântico, estava particularmente interessado neste tema porque nas suas pesquisas surgiram fenómenos que desafiavam a simples relação causa-efeito típica da física clássica.

Pauli defendia, também na esteira do princípio da complementaridade de Bohr, que a realidade não podia ser reduzida a uma única dimensão (por exemplo, apenas a material ou apenas a psíquica), mas que havia uma ligação profunda entre os processos psíquicos e os físicos. As suas reflexões orientavam-se para uma conceção em que a mente e a matéria são dois aspetos de uma realidade mais profunda, ainda desconhecida e misteriosa.

Pauli notou que as imagens e os símbolos que lhe apareciam nos sonhos (muitas vezes de natureza arquetípica, como mandalas, quaternidades, serpentes Ouroboros) antecipavam ou refletiam intuições fundamentais para a sua atividade científica.

, surgiu então uma espécie de paralelismo entre a atividade do inconsciente e o trabalho racional: o que se manifestava na psique encontrava eco nas estruturas profundas da realidade física, como se existisse uma ordem subjacente comum.

O diálogo com Pauli levou Jung a hipotetizar que a sincronicidade poderia ser a manifestação, no plano psíquico e fenomenal, desse tipo de conexão não local que na física quântica se observa em fenómenos como o entrelaçamento. Por seu lado, Pauli mostrava-se interessado na ideia de que o inconsciente e a criatividade científica pudessem recorrer a estruturas fundamentais, coletivas, que transcendem a distinção entre sujeito e objeto.

Ambos, portanto, chegaram à convicção de que a realidade é um sistema complexo no qual a psique e a matéria estão correlacionadas, não apenas por causa, mas também através de significados que se manifestam simultaneamente em ambos os níveis. A sincronicidade, nesta perspectiva, torna-se uma ponte entre a ciência e a psicologia, sugerindo que a busca da verdade requer uma visão integrada capaz de abraçar tanto o visível quanto o invisível.

Em resumo, a sincronicidade para Jung e Pauli era muito mais do que uma curiosidade: era uma pista dessa ordem oculta que conecta a consciência e a natureza, convidando a superar a separação entre interno e externo, sujeito e objeto, ciência e espiritualidade.

O próprio encontro entre eles como exemplo de sincronicidade.

Após a intensa colaboração com Wolfgang Pauli e, sobretudo, a análise aprofundada dos seus sonhos, Jung viu tanto uma confirmação da validade da sua teoria da sincronicidade como a necessidade de introduzir algumas precisões importantes e desenvolvimentos críticos.
Eis os pontos-chave das críticas e revisões que Jung amadureceu graças ao confronto com Pauli.

Maior atenção à relação mente-matéria.
Pauli, como físico teórico, levou Jung a refletir mais profundamente sobre a relação entre os processos psíquicos e a realidade física. A observação de que símbolos arquetípicos específicos (como a quaternidade ou o mandala) recorriam tanto nos sonhos como nas estruturas da física sugeriu a Jung a existência de um princípio ordenador comum, ao qual chamou *«unus mundus»*. Depois de Pauli, Jung reconheceu mais claramente que a sincronicidade não diz respeito apenas a coincidências psicológicas, mas também indica «pontos de contacto» entre a psique e a matéria, nos quais a distinção entre interno e externo se torna mais ténue.

Limites do conceito de causalidade.
O encontro com Pauli levou Jung a identificar com maior precisão os limites do princípio da causalidade como fundamento absoluto da ciência e da experiência humana. Nos fenómenos sincrónicos observados através dos sonhos de Pauli, Jung viu que a relação significativa entre eventos psíquicos e

factos materiais pode manifestar-se mesmo na ausência de uma conexão causal. Isso levou-o a reformular a sincronicidade como um princípio ordenador e , complementar à causalidade, não em oposição, mas em integração com ela.

Papel central do arquétipo.
Analisando os sonhos de Pauli, Jung viu reforçar a sua ideia de que o «recipiente» da sincronicidade é o arquétipo. No entanto, graças sobretudo à riqueza e complexidade dos símbolos nos sonhos de Pauli, Jung refinou esta posição: o arquétipo não é apenas um gerador de formas psíquicas, mas pode ser visto como uma espécie de «modelo ordenador» comum à psique e à matéria, do qual derivam as correspondências sincrónicas.

Mais prudência na formulação teórica.
A comparação com Pauli tornou Jung consciente da dificuldade de dar uma formulação científica rigorosa à sincronicidade. Jung, influenciado pela mentalidade crítica de Pauli, tornou-se mais propenso a enfatizar o caráter problemático e paradoxal do conceito, reconhecendo que se trata de um fenómeno nos limites do conhecimento científico e filosófico — a ser abordado com abertura, mas também com cautela e respeito pela complexidade.

Influência da física moderna.
A análise dos sonhos de Pauli e o diálogo constante com ele levaram Jung a integrar nas suas reflexões noções tiradas da física quântica, como a indeterminação e a complementaridade, e a ver na sincronicidade uma possível analogia com certos princípios físicos (como a ligação entre observador e objeto na mecânica quântica). Ele se convenceu, então, de que os fenómenos sincronísticos poderiam ter uma base real que vai além das nossas categorias lógicas e causais atuais.

A sincronicidade como princípio «acausal, mas ordenador»

Em conclusão, o encontro com Pauli e o estudo dos seus sonhos levaram Jung a reformular a sincronicidade como princípio «acausal, mas ordenador».

Certas épocas da cultura ocidental testemunharam encontros que mudaram para sempre a face do conhecimento. O encontro entre Carl Gustav Jung, pai do inconsciente coletivo e da psicologia analítica, e Wolfgang Pauli, físico teórico genial, descobridor do princípio de exclusão e um dos pilares da mecânica quântica, representa sem dúvida um desses momentos cruciais.

Não se tratou de um simples conhecimento, mas de um verdadeiro exemplo vivo daquilo que Jung próprio definiria mais tarde como «sincronicidade»: o surgimento de coincidências significativas que escapam ao corredor causal contingente dos acontecimentos. O primeiro encontro entre Jung e Pauli, ocorrido em 1932 em Zurique, foi mediado pelo mal-estar psíquico de Pauli. O físico atravessava uma profunda crise pessoal. Ele procurava respostas para as inquietações que a ciência não conseguia dissipar. Esta situação levou-o primeiro a um psicanalista junguiano e só posteriormente ao próprio Jung.

Inicialmente, em 1932, Pauli recorreu a Erna Rosenbaum, uma psicanalista de orientação junguiana (aluna e depois colaboradora de Jung), uma vez que Jung já era muito famoso e difícil de contactar diretamente. Só mais tarde Pauli começou as sessões diretamente com Jung, pois o material onírico e o interesse suscitado pelo caso levaram Jung a ocupar-se pessoalmente do caso. O encontro ocorreu simbolicamente no limiar entre dois mundos: a mente racional ocidental e o abismo misterioso do inconsciente.

Assim, o verdadeiro encontro com Jung ocorreu em três fases:

Num primeiro momento, como já mencionado, Pauli foi acompanhado por Erna Rosenbaum. Jung assumiu pessoalmente o caso de Pauli depois que os sonhos e as questões do físico o impressionaram pela profundidade e importância. Nesse ponto, Jung envolveu outra aluna sua, Marie-Louise von Franz, que parecia muito dotada na interpretação psíquica dos sonhos.

Quando Marie-Louise von Franz começou a sua colaboração com Jung, tinha acabado de iniciar a sua atividade clínica após a licenciatura e só mais tarde se tornou uma das maiores intérpretes do pensamento junguiano, especializando-se sobretudo no trabalho com sonhos e mitos.

De acordo com os principais biógrafos e os testemunhos da própria von Franz, ela não seguiu Pauli diretamente numa relação analítica. No entanto, von Franz teve um papel importante no estudo e na interpretação dos sonhos de Pauli a nível teórico: Jung envolveu-a no trabalho de análise dos sonhos recolhidos, e von Franz colaborou na interpretação de muitos desses materiais, sem que se estabelecesse uma relação analítica formal entre ela e Pauli.

Esta rede de encontros e colaborações, bem como as dinâmicas pessoais e profissionais que daí decorrem, são atravessadas por um fio invisível feito de coincidências estranhas e misteriosas, tema sobre o qual o próprio Jung refletiria mais tarde nos seus escritos sobre a sincronicidade. É precisamente a cadeia de casualidades significativas — desde o drama pessoal de Pauli, aos seus sonhos, até à intervenção de Jung e ao contributo teórico de von Franz — que põe em cena aquela «ordem acausal» e surpreendente que Jung reconhece e valoriza como um dos aspetos mais enigmáticos da experiência humana.

Esta história, mais do que muitas outras, mostra como a história da ciência, da psicologia e do espírito é frequentemente atravessada por encontros e colaborações que parecem sugerir, pelo menos em retrospecto, a presença de um desígnio oculto. Não apenas destinos individuais, mas inteiros percursos de investigação são assim pontuados por coincidências que parecem tudo menos casuais, tornando ainda mais fascinante a reflexão sobre a sincronicidade e o mistério dos encontros humanos e das descobertas criativas.

Jung interpretou imediatamente o aparecimento de Pauli no seu consultório como um exemplo de sincronicidade. O psicanalista viu em Pauli um «gémeo espelhado», um complemento que a vida lhe reservara de forma surpreendente. Não era apenas o acaso das circunstâncias, mas um cruzamento de destinos que invocava e u algo mais profundo: uma ordem subtil que se materializa para além das cadeias de causa e efeito. Os encontros entre Jung e Pauli continuaram por mais de vinte anos, pontuados por uma intensa correspondência e sessões de análise em que o mundo dos sonhos encontrava os mistérios da física.

A figura de Pauli, Prémio Nobel em 1945, era extraordinária. Uma espécie de xamã moderno da física, atormentado, irónico e visionário. Pauli trazia a Jung uma infinidade de sonhos e imagens interiores. Jung anotava com curiosidade como o físico produzia sonhos dominados por arquétipos, imagens que pareciam vir das profundezas da psique coletiva.

Mas a influência foi recíproca. Pauli, habituado às simetrias fractais e aos conceitos abstratos da física, desafiou Jung a pensar o princípio da sincronicidade de uma forma mais ousada. Não mais apenas como uma simples coincidência significativa, mas como um verdadeiro «princípio ordenador acausal». Jung afirmava:

> *«Nem todas as coincidências são iguais, mas algumas coincidem como se obedecessem a uma direção fora do tempo».*

A física quântica já permitia conceber fenómenos – como o entrelaçamento de partículas – em que dois eventos distantes se influenciam «instantaneamente», fora dos limites da causalidade clássica. Jung viu na interligação entre o inconsciente e o mundo físico uma analogia poderosa. O seu pensamento era:

> *«Assim como duas partículas podem mostrar-se ligadas à distância, também dois estados mentais aparentemente*

independentes podem manifestar uma conexão não causal».

Em Eranos, um pequeno local nas margens do Lago Maggiore, Jung e Pauli trocaram ideias, imersos no círculo de intelectuais e cientistas que, nas décadas de 1930 e 1940, animavam encontros entre filosofia, religião, psicologia e ciência. Aqui, sentia-se no ar o fervor de uma nova era do pensamento. Jung reconhece expressamente a sua dívida para com Pauli, escrevendo:

«Os sonhos de Pauli abriram a porta para uma nova compreensão da ordem invisível que governa as coincidências».

Pauli, por sua vez, chamava Jung de *«o cientista da alma»*.

A troca entre eles marcou uma passagem histórica: a psique não como uma ilha separada do mundo, mas como parte de um pano de fundo universal de possibilidades, evolução e mistério. Pode-se dizer, sem exagero, que o próprio encontro entre Jung e Pauli continua sendo um ícone da sincronicidade. Não foi uma simples coincidência, mas a demonstração viva de como a mente e a natureza, o sonho e o cálculo, podem encontrar-se nos raros momentos em que a alma se debruça sobre o abismo do conhecimento.

Um diálogo mais estreito entre a psicologia e a física teórica.

As experiências com Pauli tornaram a teoria junguiana da sincronicidade menos dogmática e mais rica em nuances, sublinhando a necessidade de pensar a realidade como uma totalidade interligada, para além das distinções entre sujeito e objeto, entre interno e externo.

Este encontro não é apenas um acontecimento biográfico. Jung considerá-lo-á mais tarde um exemplo flagrante de «sincronicidade». O termo, cunhado pelo próprio Jung, indica aquelas coincidências significativas que parecem escapar às relações de causa-efeito. Segundo Jung, o encontro com Pauli não foi fruto de uma cadeia lógica, mas de uma correspondência misteriosa entre os percursos interiores e exteriores de dois homens.

«Sincronicidade significa a ocorrência simultânea de dois eventos ligados por um sentido, não por uma causa».

Assim escreve Jung nas suas obras mais maduras.

Jung, homem curioso e aberto ao inesperado, percebe imediatamente a qualidade extraordinária dos sonhos que Pauli lhe traz. Pauli conta centenas de sonhos, símbolos complexos que parecem falar uma linguagem universal. Num dos sonhos recorrentes, aparece uma roda giratória com quatro braços, imagem que remete ao mandala, símbolo da unidade da psique segundo Jung. Jung observa:

> *«Aqui temos um caso em que a linguagem da física e a linguagem da profundidade se cruzam de forma admirável.»*

Para Jung, este encontro representa um verdadeiro «entrelaçamento espiritual»: a interligação invisível entre dois destinos. O físico que investiga os átomos e o psicólogo que explora o inconsciente encontram um no outro um espelho, uma ressonância. Pauli, por sua vez, interessa-se pelos temas do arquétipo e do símbolo. Ele questiona-se se o inconsciente coletivo pode dialogar com as leis misteriosas da matéria. Jung e Pauli iniciam um diálogo apaixonado. Escrevem cartas densas e profundas.

O encontro entre Jung e Pauli sugere que a realidade não se esgota na separação entre objeto e sujeito. A mente humana e a matéria, escreve Jung, são «dois aspectos de uma única totalidade inexprimível». A sincronicidade, entendida como ordem acausal, mas ordenadora, abre novos espaços para a reflexão científica e filosófica.

O encontro entre Jung e Pauli não fica por um episódio isolado ou um caso privado. Este diálogo, alimentado pela comparação entre sonhos e coincidências significativas de eventos, leva Jung a reformular de forma menos dogmática e mais aberta a sua teoria da sincronicidade. Pauli, por seu lado, começa a conceber a física quântica não apenas como uma ciência da matéria, mas como um caminho para compreender os mistérios da experiência humana.

A sua colaboração sugere que existe uma ordem profunda que liga a mente e o átomo, o interior e o exterior. Federico Fellini, grande admirador de Jung, disse uma vez:

> *«Todo encontro verdadeiro é uma sincronicidade, uma aliança misteriosa entre o destino pessoal e o destino universal.»*

Talvez a interligação entre Jung e Pauli represente exatamente isso: uma das mais fascinantes «alianças» entre a alma e o mundo, entre o pensamento e a realidade.

Outros conceitos além da sincronicidade.

Além da sincronicidade, os principais conceitos junguianos – individuação, arquétipos e inconsciente coletivo, integração dos opostos, função transcendente e autorregulação da psique – foram todos substancialmente influenciados ou confirmados pela análise dos sonhos de Pauli. Esses sonhos representaram para Jung uma validação empírica válida de suas teorias e um impulso para desenvolvê-las ainda mais.

O conceito de individuação.

É geralmente conhecida a história da colaboração entre Jung e Pauli pela contribuição revolucionária de Pauli para o nascimento do conceito junguiano de sincronicidade: a noção de que eventos internos e externos podem coincidir de forma significativa, sem uma correlação causal. No entanto, a influência de Pauli no pensamento de Jung foi muito além.

O tema da identificação, segundo Jung, representa a verdadeira missão da psicologia analítica. Trata-se de um processo através do qual o indivíduo procura a totalidade, integrando as diferentes componentes, mesmo as mais discordantes, da sua personalidade. Nos laboratórios de física, Pauli investigava as leis profundas do universo; no consultório de Jung, abandonava-se à observação igualmente rigorosa das suas profundezas psíquicas.

Durante o seu percurso analítico, Pauli levou a Jung mais de mil sonhos. Os relatos, extremamente detalhados, ofereciam a Jung uma casuística extraordinária. Num dos sonhos centrais,

Pauli viu uma roda de quatro braços que girava incessantemente. Jung reconheceu imediatamente o motivo do mandala, presente em muitas culturas como símbolo de totalidade e ordem. Este sonho foi interpretado como a tentativa inconsciente de Pauli de reconstruir dentro de si um equilíbrio perdido, de unificar as forças opostas da psique. Jung escreveu:

«Estes símbolos representam o arquétipo do Eu, o centro regulador do inconsciente, empenhado em guiar o indivíduo para a sua plenitude.»

Pauli, habituado a raciocinar segundo os princípios do rigor científico, viu-se a dialogar com a lógica fluida do mito e do símbolo. Não foi fácil. No entanto, coexistiam nele dois mundos aparentemente inconciliáveis. Era o «cientista» que sentia a necessidade de compreender-se através dos sonhos e o «homem interior» curioso pelos mistérios da matéria. Para Jung, Pauli tornou-se uma espécie de «alquimista moderno», empenhado na transmutação dos conteúdos psíquicos, a mesma transmutação que os antigos alquimistas tentavam nos seus laboratórios.

«Considero os sonhos de Pauli o material mais extraordinário que já encontrei»,

confidenciou Jung a Marie-Louise von Franz, sua colaboradora mais fiel. Von Franz, por sua vez, esteve envolvida na interpretação dos sonhos de Pauli e contribuiu para revelar o aspecto universal desses símbolos. O percurso de Pauli tornou-se um caso emblemático de individuação, estudado e discutido ainda hoje nas escolas de psicologia analítica.

A análise dos sonhos de Pauli permitiu a Jung observar como o inconsciente coletivo «fala» através de símbolos universais. A experiência de Pauli confirmou que a psique não é um conjunto caótico e sem sentido, mas tende para uma ordem, para uma totalidade. Durante a sua trajetória, Pauli enfrentou sequências oníricas ricas em imagens arquetípicas. Num dos sonhos mais intensos, Pauli reconhecia-se tanto vítima quanto herói, tanto masculino quanto feminino: a sua alma encontrava paz na unificação dos opostos.

Jung tirou uma lição fundamental: a individuação não é apenas um processo privado, mas reflete as grandes leis que governam a natureza e a cultura. Assim como as partículas subatómicas de Pauli escapam à lógica clássica e se comportam de forma «complementar», também a psique humana é palco de conflitos e sínteses.

A experiência junguiana de Pauli teve repercussões muito além do seu consultório privado. Em Zurique, nos mesmos anos, entrelaçavam-se os destinos de outros protagonistas: Erwin Schrödinger e Niels Bohr, também empenhados na reflexão sobre as ligações entre a física e a filosofia. A cidade suíça tornou-se um caldeirão de ideias onde as disciplinas dialogavam entre si, antecipando o debate sobre a convergência entre as ciências exatas e as ciências humanas.

O trabalho partilhado entre Jung e Pauli mostra como o ato de sonhar e o ato de pensar cientificamente podem ser duas formas diferentes de busca de sentido. A experiência de individuação vivida por Pauli, observada e teorizada por Jung, sugere uma visão da realidade como uma totalidade interligada, na qual o indivíduo nunca está isolado, mas em diálogo contínuo com o universo.

Hoje, que a ciência redescobre o interesse pela complexidade e pela interligação entre os sistemas, a lição de Jung e Pauli continua atual. O sonho do físico e a teoria do psicanalista continuam a indicar-nos que a plenitude pessoal e a compreensão do cosmos são, talvez, duas faces da mesma aventura extraordinária.

O conceito de arquétipos e inconsciente coletivo.

Quando o físico austríaco Wolfgang Pauli, já ilustre pelo seu contributo para a mecânica quântica, se apresentou no consultório de Jung em Zurique em 1932, iniciou-se um diálogo sem precedentes entre a psicologia profunda e a física teórica.

Este encontro criou uma ponte entre o mundo da alma e o m l do átomo, capaz de lançar uma nova luz não só sobre o conceito inovador de sincronicidade, mas também sobre noções fundamentais como a do arquétipo e do inconsciente coletivo.

Wolfgang Pauli, um homem racional mas atormentado, confiou a Jung mais de mil sonhos ao longo da sua longa análise. Jung, um observador atento e intérprete da psique, encontrou neste vasto repertório onírico uma mina de símbolos universais. Muitas das imagens recorrentes nos sonhos de Pauli revelaram-se independentes da sua cultura pessoal, da sua formação científica ou do seu contexto familiar. O sonho da roda de quatro braços, por exemplo, evocava a quaternidade e o mandala, símbolos presentes nas tradições espirituais de todo o mundo, do budismo tibetano aos afrescos medievais europeus.

Noutra sequência onírica, Pauli viu a serpente a morder a própria cauda, o «ouroboros». Este símbolo, já conhecido no antigo Egito e na alquimia medieval, representa o ciclo eterno da vida e da energia que se renova. Jung ficou profundamente impressionado. Ele escreveu:

«Nos sonhos de Pauli, encontro os mesmos arquétipos que as culturas de todo o mundo representaram, séculos antes de a ciência moderna tentar defini-los.»

Jung insistia que imagens semelhantes não são simples produtos da experiência individual, mas expressões de um inconsciente mais vasto, partilhado por toda a humanidade.

As visões oníricas de Pauli ofereceram a Jung provas vivas da sua teoria do inconsciente coletivo. Jung definia este aspeto da psique como «a parte mais antiga e universal da alma humana», aquela em que residem modelos, imagens e estruturas que precedem a experiência pessoal. O aparecimento espontâneo de arquétipos nos sonhos do cientista tornou-se para Jung uma confirmação empírica inesperada. Jung observou:

«Os sonhos dos homens de ciência, desprovidos de interesses religiosos ou esotéricos, contêm frequentemente os mesmos símbolos das visões dos antigos místicos.»

Em Pauli, a mente lógica que calculava órbitas e energias também habitava um universo interior feito de figuras e s poderosas, símbolos recorrentes e enigmáticos. A presença constante da quaternidade, da divisão em quatro, era associada à busca de ordem, totalidade e sentido — um processo que, segundo Jung, diz respeito a todos os seres humanos.

O caso Pauli permitiu a Jung verificar o quanto os arquétipos são independentes do contexto cultural. A experiência com Pauli enriqueceu o pensamento junguiano com novos exemplos e casos. Marie-Louise von Franz esteve envolvida na análise e testemunha que, nas páginas dos sonhos de Pauli:

> *«é possível traçar paralelos surpreendentes com os mitos do Oriente e do Ocidente, como se uma força profunda falasse a mesma língua em diferentes épocas».*

Os sonhos não são apenas material privado. Eles refletem um «código humano» comum, que Jung compara às leis da física descobertas pelo próprio Pauli. Assim como as partículas elementares seguem regras intangíveis que se repetem em todo o universo, também os arquétipos emergem pontualmente em todas as culturas.

A experiência com Pauli contribuiu, mais do que qualquer outra, para reforçar na psicologia junguiana a ideia de que a alma humana está ligada a um fundo comum, a uma memória coletiva que se expressa nos mitos, nos símbolos, nos sonhos. O entrelaçamento, que para a física representa a profunda interligação entre as partículas, torna-se na relação entre Jung e Pauli um entrelaçamento entre ciência e psique, entre indivíduo e humanidade.

Numa época ainda dividida entre ciência e humanismo, a história de Jung e Pauli sugere que só unindo lógica e imaginação, dados empíricos e símbolos, podemos compreender a complexidade da realidade.

A integração dos opostos (coniunctio oppositorum).

Além da sincronicidade, Jung encontra na análise dos sonhos de Pauli um segundo campo de investigação: o da integração e m dos opostos, a famosa *coniunctio oppositorum* que tem as suas raízes na alquimia antiga e nos grandes mitos universais. Nos sonhos de Pauli, físico amante da racionalidade, Jung descobre imagens que afirmam a existência de forças contrárias e complementares que pedem para ser reconciliadas.

Pauli frequentemente relata sonhos ricos em símbolos alquímicos: o mandala, o quadrado dentro do círculo, o ouroboros. Numa sequência onírica memorável, aparece uma figura andrógina, «o homem-mulher», arquétipo da fusão entre o masculino e o feminino. Noutra noite, sonha com uma cidade dividida em duas, atravessada por um rio, pronta para se recompor numa única realidade harmoniosa. Jung fica profundamente interessado. Ele lê nestes episódios o esforço da alma humana em reconhecer e integrar a parte racional com a instintiva, a ciência com o mito, o consciente límpido com as sombras do inconsciente.

Marie-Louise von Franz, aluna e depois colega de Jung, participa na análise e anota:

> *«Nos sonhos de Pauli refletem-se os mesmos símbolos que povoavam as visões dos antigos alquimistas: a taça e a espada, o sol e a lua. Eles demonstram como a psique vive, através destas imagens, o drama da dualidade e a sua aspiração à superação.»*

Jung vê nos sonhos de Pauli a confirmação da sua convicção: o bem-estar psicológico requer a reconciliação paciente das nossas polaridades interiores. A própria física quântica, frequentada por Pauli, ilustra um mundo construído sobre dualismos aparentemente inconciliáveis: onda e partícula, matéria e energia. Assim como o elétron muda de forma e comportamento quando observado, também a psique humana muda e se transforma, tecendo laços entre opostos.

A famosa noção de coniunctio oppositorum atravessa os laboratórios da ciência e as salas de análise. Em 1946, Jung publicou *«Psicologia e* Alquimia», citando os sonhos de Pauli como:

> *«prova viva de como a consciência moderna ainda sonha com os símbolos dos laboratórios medievais».*

Pauli, por sua vez, escreve:

> *«Não consigo mais ver a física como uma ciência separada da psique. No microcosmo, assim como na alma, refletem-se os jogos de tensão entre realidades opostas».*

O encontro entre Jung e Pauli dá nova atualidade às antigas imagens alquímicas. A coniunctio, ou seja, a união dos opostos, não é um simples jogo estético: é uma viagem psicológica necessária, aquela que torna o ser humano capaz de evoluir, amar, inventar. Cada sonho de Pauli, segundo Jung, mostra o árduo caminho da consciência rumo à integração: uma dança difícil entre Apolo e Dionísio, razão e instinto, rigor e imaginação.

Numerosos estudiosos, como o filósofo Mircea Eliade e o historiador da ciência Alexandre Koyré, vêem no diálogo entre os dois um renascimento da ideia de que as grandes descobertas nunca emergem apenas da lógica, mas também da conciliação criativa de forças há muito separadas. O laboratório de Jung torna-se um teatro onde o físico revive a saga dos opostos e descobre que só integrando as profundezas da alma é possível encontrar uma revolução na visão do mundo.

A obra de Jung e Pauli indica, portanto, um novo horizonte: o bem-estar psicológico, mas também a criatividade e a possibilidade de compreender a realidade, derivam da capacidade de estar no meio das polaridades, sem negá-las. Tal como na física do entrelaçamento, onde partículas distantes permanecem ligadas de forma misteriosa, também em nós coexistem tensões que nos unem ao outro e ao grande todo.

Na sua amizade, na correspondência e nos sonhos interpretados, Jung e Pauli deixam-nos uma lição preciosa: só quem aceita a dialética dos opostos e procura a sua síntese pode compreender — na ciência, na arte e na sua própria biografia — o sentido mais profundo da experiência humana.

A função transcendente.

A função transcendente é um dos conceitos-chave da psicologia analítica de Jung. Esta função descreve a capacidade da psique de mediar entre dois pólos opostos da personalidade, como o consciente e o inconsciente, a razão e a emoção, o masculino e o feminino, e assim por diante.

Jung observa que os seres humanos muitas vezes vivem estados de conflito interior. Por um lado, há o que conhecemos e aceitamos de nós mesmos (o consciente). Por outro lado, há desejos, medos, impulsos e imagens que pertencem ao inconsciente. Quando esses pólos entram em tensão, pode surgir uma crise pessoal ou a sensação de estar dividido entre necessidades opostas. É aqui que entra a função transcendente.

A função transcendente não esmaga nenhum dos dois pólos da oposição, nem visa compromissos superficiais. Em vez disso, cria uma «terceira via»: um elemento novo que não é a simples soma dos dois, mas uma síntese superior. Este processo abre caminho para uma transformação interior e um novo nível de consciência.

Jung afirma que a função transcendente é ativada principalmente através de imagens e símbolos que emergem em sonhos, pensamentos criativos ou momentos de reflexão profunda. Por exemplo, se uma pessoa racional se encontra em conflito com os seus sentimentos, o inconsciente pode propor nos sonhos uma imagem (como uma figura andrógina ou uma dança entre opostos) que sugere uma forma de integrar esses dois aspetos da sua psique.

A função transcendente conduz ao processo de «individuação», ou seja, o desenvolvimento da pessoa em direção a uma plenitude e coerência interior. Permite enfrentar os conflitos sem os negar, acolhendo, em vez disso, todos os aspetos da personalidade e transformando-os num novo equilíbrio.

Nos sonhos do físico Wolfgang Pauli, como observado por Jung, aparecem frequentemente estruturas arquetípicas como o mandala, a serpente que morde a própria cauda, cenas de reconciliação entre elementos opostos. Jung interpreta estes símbolos como manifestações da função transcendente: o inconsciente propõe- m imagens que ajudam a personalidade a evoluir, superando bloqueios e contradições.

Em resumo, a função transcendente é a força criativa da psique que torna possível o crescimento pessoal, transformando o conflito interno numa nova e mais rica totalidade. Através de sonhos, mitos, arte e reflexão, ela permite ao indivíduo superar as dualidades e avançar para uma consciência mais integrada e harmoniosa.

Este processo não é apenas consolador. A função transcendente permite um avanço psicológico real. Jung vê nos sonhos de Pauli a demonstração prática de como a psique trabalha para mediar entre medos e desejos, lógica e intuição, masculino e feminino. Marie-Louise von Franz afirma que:

> *«Pauli, homem de ciência e de lógica implacável, também sabia confiar na verdade misteriosa dos seus sonhos.»*

Os símbolos que emergem, muitas vezes distantes da cultura pessoal de Pauli, aparecem como sugestões do inconsciente coletivo: a alma propõe novos caminhos para o dilema interior.

Num sonho particularmente evocativo, Pauli vê-se no centro de uma sala circular, dividida por raios que unem quatro pessoas situadas nos pontos cardeais. Jung interpreta esta cena como um convite a reconhecer e harmonizar os diferentes aspetos da personalidade. A psique não reprime nenhum dos pólos, mas integra-os através da função transcendente, oferecendo ao sonhador uma síntese evolutiva.

O diálogo entre Jung e Pauli não se limita à interpretação pessoal. Ambos sentem que as descobertas de uma disciplina iluminam os desafios da outra. Pauli, físico dos átomos e das simetrias, reconhece na função transcendente um princípio semelhante ao que, na física, rege a transformação entre diferentes estados da matéria. Pauli escreve:

«No inconsciente esconde-se uma criatividade não muito diferente daquela que vemos quando o átomo se transforma e produz choques inesperados.»

Jung, por sua vez, encontra nas reflexões de Pauli estímulos para esclarecer os mecanismos do processo de individuação, aquele percurso e que leva o indivíduo a tornar-se plenamente ele mesmo. A função transcendente torna-se assim o motor da mudança, a chave para superar os conflitos que dividem a consciência. É um conceito que, na cultura da época, vai além de Freud, superando a ideia de um inconsciente como simples depósito de pulsões para lhe atribuir um papel ativo e criativo.

O caso Pauli permanecerá, nos trabalhos de Jung, como um exemplo flagrante do poder transformador dos símbolos e da função transcendente. Se a física quântica introduziu a indeterminação e a coexistência de estados opostos, a psicologia junguiana, também graças aos sonhos de Pauli, mostra que a alma humana é capaz de manter juntos os opostos e superá-los, gerando uma nova visão de si mesma e do mundo.

Zurique, com as suas ruas silenciosas e os seus laboratórios cheios de livros e fórmulas, torna-se assim o lugar simbólico onde o átomo e a mente, a matéria e a imagem, a razão e o sonho se tocam. Neste território fronteiriço, a função transcendente manifesta-se como uma ponte entre mundos separados, deixando a todos, ainda hoje, a mensagem profunda de uma união possível entre a ciência e a alma.

A autorregulação da psique.

Jung, estudando os sonhos de Pauli, chega a uma das suas intuições mais elevadas: a psique possui uma tendência espontânea para a autorregulação. Não só o inconsciente não é uma «terra de ninguém», mas representa uma força viva que procura, noite após noite, restabelecer o equilíbrio perdido.

Wolfgang Pauli chega ao consultório de Jung após passar por uma difícil crise pessoal. Separação do pai, luto pela mãe, tensões académicas. Pauli registra e conta a Jung centenas de sonhos: são sequências ricas em símbolos, imagens arquetípicas, mandalas, figuras alquímicas.

Em muitos sonhos, Pauli encontra-se em equilíbrio numa ponte ou move-se entre dois mundos. Num sonho famoso, descrito por Jung em *Psicologia e Alquimia* (1944), Pauli vê uma sala redonda com quatro paredes, uma para cada ponto cardeal. No centro da sala, uma figura une esses polos. Jung interpreta essa imagem como um sinal de uma tendência para a síntese. A psique de Pauli procura «compensar» uma deficiência da vida consciente, escolhendo o caminho do equilíbrio interior. Jung escreve:

> *«O sonho é o instrumento privilegiado através do qual o inconsciente procura corrigir os desequilíbrios da consciência, sugerindo soluções, fornecendo imagens de totalidade».*

A psique, segundo ele, nunca é estática. O inconsciente apresenta imagens quando percebe desequilíbrios, muitas vezes causados por um excesso de racionalidade, como estava presente na vida de Pauli. Pauli, como físico, vê no princípio da autorregulação analogias profundas com a lei da conservação da energia. Numa carta a Jung, ele escreve:

> *«Tal como as partículas procuram o equilíbrio após uma colisão, também a psique reage aos traumas procurando uma nova harmonia.»*

Pauli não tem preconceitos em relação a símbolos e imagens: no seu diário, ele relata sonhos em que números, cores e formas geométricas assumem um papel indicativo e, às vezes, de advertência. Para Jung, esses sonhos são a prova de que o inconsciente produz sempre o que é necessário para restabelecer o bem-estar do indivíduo. Não se trata de meros «desperdícios da mente», mas de sinais complexos, nascidos para guiar o crescimento.

Esta visão do inconsciente como força autorreguladora influenciou profundamente a psicologia moderna e a cultura contemporânea. Marie-Louise von Franz, colaboradora histórica de Jung, salienta que no trabalho com Pauli se vê pela primeira vez tão claramente:

> *«a função construtiva do sonho, o seu papel na cura psíquica e na individualização do ser humano».*

Para von Franz, os sonhos de Pauli são um caso de estudo único pela quantidade, mas sobretudo pela qualidade, dada a profundidade intelectual do sujeito.

O interesse de Jung pelos sonhos não se esgota na análise individual. Nos seminários de Zurique, Jung conta frequentemente anedotas retiradas do diálogo com Pauli. Fala de como a psique coletiva, através de imagens arquetípicas, se ocupa da saúde de cada um. Cita frequentemente o sonho em que Pauli recebe uma mensagem escrita numa língua arcaica: é o símbolo de um conhecimento antigo, que é recuperado no momento certo para reorientar o indivíduo.

O caso Pauli-Jung demonstra que a psique, tal como a natureza física estudada pela ciência, tende ao equilíbrio. Se a física quântica introduziu o conceito de complementaridade e incerteza, Jung mostra que também a alma está em constante movimento entre polaridades opostas. Cada sonho torna-se uma transmissão noturna, um sinal que o inconsciente envia para sugerir o caminho, não apenas para restabelecer a saúde mental, mas para promover o crescimento espiritual do homem.

A lição que Jung e Pauli deixam ao mundo é profunda: a mente e o átomo, o sonho e a razão, não são realidades separadas. Ambos refletem os grandes mistérios do equilíbrio e da transformação.

Conclusão.

Dois visionários do conhecimento.

Quando Carl Gustav Jung e Wolfgang Pauli se encontraram em Zurique na década de 1930, ninguém poderia imaginar o quão profunda e duradoura seria a marca que deixariam. Jung era um psiquiatra já famoso, visionário ao abordar os mistérios da alma. Pauli era um dos pais da física quântica, ganhou o Prémio Nobel em 1945, tinha um espírito inquieto e era um génio precoce. Ambos movem-se nos limites dos seus respetivos conhecimentos. Ambos procuram respostas que nenhuma disciplina, por si só, pode oferecer.

Esta colaboração representa um exemplo raro de diálogo verdadeiramente interdisciplinar. Jung e Pauli não se contentam em inspirar-se mutuamente. Eles constroem um verdadeiro léxico comum. Encontram palavras e símbolos que atravessam as fronteiras entre a física, a psicologia e a filosofia. Nas suas trocas epistolares – inúmeras cartas entre os anos 30 e 50 – lêem-se perguntas que ainda hoje soam modernas: «Como interagem a mente e a matéria? Pode o universo físico manifestar sinais? Qual é o papel do acaso nas nossas vidas?»

O conceito de sincronicidade nasce precisamente deste diálogo. Jung o elabora oficialmente em 1952, também graças às sugestões e questionamentos de Pauli. A sincronicidade descreve coincidências significativas que não se explicam apenas pela causa e efeito. Para Jung e Pauli, elas representam uma terceira via entre determinismo e casualidade. São pontes misteriosas entre o mundo psíquico e o mundo material.

Muitas anedotas contam a fecundidade deste encontro. Pauli, atormentado por sonhos, encontra em Jung um psicanalista disposto a ouvir a voz do inconsciente coletivo. Jung, analisando os mandalas e os arquétipos recorrentes nos sonhos de Pauli, reconhece nestes símbolos a expressão da função e e transcendente e da autorregulação da psique. Assim, a psicologia adquire novos instrumentos para investigar a criatividade do inconsciente; a física, por sua vez, confronta-se com a hipótese de que o mundo subatómico possui uma dimensão ainda desconhecida, na qual o observador e a realidade interagem de formas subtis e inesperadas.

Para muitos historiadores da cultura, a história de Jung e Pauli é também a história de Zurique entre as duas guerras. A cidade transforma-se num laboratório de diálogos nunca antes vistos entre cientistas, filósofos e escritores. Na atmosfera rarefeita de Bollingen, a torre que Jung manda construir nas margens do Lago de Zurique, nascem ideias capazes de unir o Ocidente e o Oriente, a razão e o mito.

A atualidade da sua investigação é surpreendente. As perguntas que os dois aventureiros do conhecimento se colocam não pertencem apenas aos arquivos. Hoje, a neurociência, a física de partículas e a inteligência artificial voltam a questionar a relação entre sujeito e objeto, entre consciência e matéria. O conceito de entrelaçamento, desenvolvido na física precisamente nos anos de Pauli, lembra muito a forma como Jung descreve as relações entre a psique e a realidade no fenómeno da sincronicidade. Em 1952, Jung escreveu:

> *«O acaso nunca é cego, mas revela uma disposição secreta, uma coincidência de eventos internos e externos que dão sentido à vida».*

Pauli, mais cauteloso, mas igualmente fascinado, admite:

> *«Na busca da verdade, sinto que a física e a psicologia se tocam. Onde terminam as leis da matéria, começam as do espírito».*

Ainda hoje, as suas reflexões permanecem vivas nos debates filosóficos, psicológicos e científicos. A colaboração entre Jung e Pauli mostra como a verdadeira aventura do conhecimento nasce da coragem de ultrapassar as fronteiras. A sua história não oferece respostas definitivas, mas deixa um mapa precioso para quem procura compreender o misterioso entrelaçamento entre a alma e o átomo, entre a profundidade do homem e o tecido oculto do universo.

Anexos.

Glossário de conceitos-chave.

Abismo Psi Símbolo psíquico que representa o inconsciente profundo e as suas forças desconhecidas.
Ab-reação Psi Reação emocional intensa que permite a liberação de emoções reprimidas.
Adiabático Qph Processo físico em que não ocorre troca de calor com o ambiente.
Adivinhação Psi Tentativa de interpretar mensagens do inconsciente.
Aion Psi Termo que indica a eternidade ou uma era, associado à totalidade psíquica.
Álgebra de Lie Qph Conjunto de operadores que satisfazem regras precisas de comutação.
Álgebra dos operadores Qph Estrutura matemática utilizada para descrever observáveis quânticos.
Alquimia Psi Antiga prática e símbolo da transformação interior.
Alter ego Psi Segundo o eu, geralmente inconsciente, frequentemente em conflito com o Eu.
Ambivalência Psi Presença simultânea de sentimentos opostos em relação a uma pessoa ou situação.
Amplitude de probabilidade Qph Quantidade complexa cuja norma quadrada dá a probabilidade de um evento.
Anima Psi Parte feminina inconsciente da psique de um homem.
Animus Psi Parte masculina inconsciente da psique de uma mulher.
Ansiedade Psi Estado psíquico de tensão e preocupação frequentemente associado a conflitos inconscientes.
Anticommutação Qph Propriedade dos operadores para partículas fermiónicas, em que a ordem é importante.
Antipartícula Qph Partícula com cargas opostas em relação à partícula correspondente.
Antissimétrica Qph Característica das funções de onda dos férmions, que muda de sinal por troca de partículas.
Arquétipo Psi Modelo original inato no inconsciente coletivo.
Ascensão Psi Processo de elevação espiritual ou psíquica.
Associação Psi Ligação mental espontânea entre ideias, imagens ou memórias.

Atanor Psi Forno alquímico, símbolo da transformação psíquica.
Átomo Qph A menor unidade constituinte da matéria, composta por um núcleo e elétrons.
Autenticidade Psi Qualidade de viver de acordo com a verdadeira natureza do eu interior.
Autoanálise Psi Exame crítico de si mesmo através da análise dos conteúdos inconscientes.
Autoestado Qph Estado quântico em que um observável tem um valor definido.
Autoidentificação Psi Ato de reconhecer a sua identidade real ou simbólica.
Autoobservação Psi Avaliação cuidadosa dos seus estados interiores e reações.
Auto-sugestão Psi Método de influência sobre os estados interiores através do pensamento consciente.
Autovalor Qph Valor próprio que um observável assume num estado autoestado.
Autovetor Qph Função ou vetor que é apenas escalonado por um operador linear.
Axioma de Born Qph Regra que associa a norma quadrada da função de onda à probabilidade.
Barreira de potencial Qph Obstáculo energético que pode ser superado através do efeito túnel.
Base ortonormal Qph Conjunto de vetores ortogonais e de norma unitária num espaço de Hilbert.
Bohr, modelo de Qph Teoria quântica do átomo com órbitas quantizadas.
Bosão Qph Partícula com spin inteiro, sujeita às estatísticas de Bose-Einstein.
Bóson de calibre Qph Partícula associada às interações fundamentais.
Caminho quântico Qph Trajetória possível seguida por uma partícula de acordo com as regras quânticas.
Campo Qph Entidade física que tem valor em todos os pontos do espaço-tempo.
Campo médio Qph Aproximação em que se considera o efeito médio das interações.
Campo quantizado Qph Descrição de um campo em termos quânticos, com quanta discretos.
Captura eletrónica Qph Processo em que um núcleo absorve um elétron orbital.
Carga elétrica Qph Propriedade física das partículas que determina as interações eletromagnéticas.
Catarse Psi Libertação e purificação emocional através da tomada de consciência.
Causalidade Qph Princípio segundo o qual um efeito segue sempre uma causa.

Cavitação quântica Qph Fenómeno quântico relacionado com a formação do vácuo.
Centro Psi Símbolo da totalidade psíquica; lugar de equilíbrio interior.
Colapso da função de onda Qph Redução da função de onda num estado após uma medição.
Complexo Psi Grupo organizado e autónomo de ideias e emoções inconscientes.
Comutador Qph Operador que mede a não comutatividade de dois operadores.
Comutatividade Qph Propriedade dos operadores que, quando trocados, não alteram o resultado.
Condensado de Bose-Einstein Qph Estado da matéria em que os bosões ocupam o mesmo estado quântico.
Condições de contorno Qph Restrições impostas às soluções das equações diferenciais, incluindo as funções de onda.
Conhecimento de si mesmo Psi Processo profundo de exploração da própria psique.
Coniunctio Psi União de opostos, frequentemente representada na alquimia.
Conjunto de estados Qph Conjunto de possíveis estados quânticos de um sistema.
Consciência Psi Estado de consciência de si mesmo e do mundo exterior.
Consciente Psi Relativo ao nível de consciência ativo na mente.
Consciente coletivo Psi Nível de consciência partilhado socialmente.
Consciente individual Psi Consciência subjetiva específica de um indivíduo.
Conservação Qph Propriedade das grandezas físicas que permanecem constantes nos processos quânticos.
Constante de Planck Qph Quantidade fundamental de ação, símbolo h, que caracteriza a quantização.
Conteúdo inconsciente Psi Aspectos psíquicos não acessíveis à consciência.
Contraposição Psi Dinâmica fundamental de confronto entre opostos psíquicos.
Conversão Psi Transformação de impulsos inconscientes em sintomas físicos ou psíquicos.
Correlação quântica Qph Conexão entre variáveis quânticas que não pode ser explicada classicamente.
Crise do ultravioleta Qph Problema resolvido pela hipótese dos quanta de energia de Planck.
Cristal quântico Qph Sólido cujas propriedades derivam de efeitos quânticos coletivos.
Cristalização Psi Processo simbólico de fixação de um conteúdo psíquico.

Critério de Pauli Qph Princípio de exclusão para os férmions, segundo o qual duas partículas não podem ocupar o mesmo estado quântico.
Crítica do Eu Psi Observação avaliativa da própria personalidade consciente.
Cultural inconsciente Psi Aspectos tradicionais enraizados na psique coletiva.
Cura psíquica Psi Recuperação do equilíbrio através de processos internos.
Decadência radioativa Qph Processo espontâneo de desintegração de núcleos instáveis.
Decoerência Qph Perda da coerência quântica devido à interação com o ambiente.
Degeneração Qph Vários estados quânticos com o mesmo valor de energia.
Demónio Psi Força psíquica inconsciente com valor destrutivo ou criativo.
Densidade de probabilidade Qph Função que indica a probabilidade de encontrar uma partícula numa posição.
Depósito psíquico Psi Conjunto de conteúdos inconscientes acumulados.
Derivada funcional Qph Operação matemática utilizada em funções de campo.
Derivada temporal Qph Diferenciação em relação ao tempo, relevante na evolução quântica.
Descida Psi Retorno consciente ao inconsciente individual.
Desestruturação Psi Dissolução temporária de estruturas psíquicas.
Desigualdade de Bell Qph Relação matemática para testar a localização nas teorias físicas.
Desintegração Psi Processo de ruptura das estruturas psíquicas pré-existentes.
Despertar psíquico Psi Novo nível de consciência interior.
Deus interior Psi Símbolo do Eu ou da totalidade psíquica.
Diagrama de Feynman Qph Representação gráfica de processos de interação entre partículas.
Diálogo interior Psi Comunicação simbólica entre partes da psique.
Diferenciação Psi Processo de desenvolvimento e distinção das funções psíquicas.
Dimensão de Planck Qph Escala fundamental de comprimento na física quântica.
Direção simbólica Psi Orientação fornecida pelos símbolos interiores.
Dissociação Psi Separação entre aspectos da consciência e do inconsciente.
Drama interior Psi Conflito emocional vivido como representação mental.
Dualidade onda-partícula Qph Princípio segundo o qual cada entidade quântica apresenta características de onda e partícula.

Dupla fenda, experiência Qph Experiência que revela a natureza ondulatória e particulada da matéria.
Duplo Psi Alter ego arquetípico, frequentemente motivo de confronto psíquico.
Efeito Casimir Qph Força quântica entre objetos devido às flutuações do vácuo.
Efeito Compton Qph Espalhamento de um fotão num eletrão com alteração do comprimento de onda.
Efeito fotoelétrico Qph Emissão de elétrons de uma superfície iluminada, explicada por Einstein através dos quanta de luz.
Efeito túnel Qph Fenómeno em que uma partícula atravessa uma barreira de energia superior à sua energia.
Ego Psi Centro da consciência e função da identidade pessoal.
Electrão Qph Partícula elementar com carga negativa e spin ½.
Electrão de valência Qph Electrão que participa nas ligações químicas no último nível energético.
Emissor Qph Fonte que emite partículas ou radiações.
Empatia Psi Capacidade de sentir e compreender o estado emocional dos outros.
Enantiodromia Psi Lei segundo a qual uma oposição transforma-se no seu contrário.
Energia psíquica Psi Força motriz que anima pensamentos, emoções e ações.
Entanglement Qph Interconexão entre partículas quânticas, independentemente da distância.
Epifania Psi Revelação repentina de um conteúdo significativo.
Equação de Dirac Qph Equação relativística que descreve partículas com spin ½.
Equação de estado Qph Relação entre as grandezas físicas que caracterizam um sistema.
Equação de Klein-Gordon Qph Equação quântica relativística para partículas escalares.
Equação de Schrödinger Qph Equação fundamental para a evolução temporal da função de onda.
Equilíbrio energético Qph Conservação da energia nos processos quânticos.
Equivalência massa-energia Qph Princípio expresso pela fórmula $E=mc^2$.
Escurecimento quântico Qph Efeito pelo qual certas informações são ocultadas devido a limitações quânticas.
Espaço de Hilbert Qph Espaço vetorial utilizado para representar as funções de onda.
Espelho Psi Símbolo do reflexo e do conhecimento de si mesmo através do outro.
Essências quânticas Qph Elementos fundamentais que constituem os sistemas quânticos.

Estado coletivo Qph Estado quântico que descreve o comportamento de muitas partículas juntas.
Estado fundamental Qph Estado de energia mínima de um sistema quântico.
Estado metaestável Qph Estado que pode decair para um estado de energia menor.
Estado quântico Qph Descrição completa das propriedades de uma partícula ou sistema.
Estatística de Bose-Einstein Qph Lei de distribuição para partículas indistinguíveis com spin inteiro.
Estatística de Fermi-Dirac Qph Lei de distribuição para partículas indistinguíveis com spin semi-inteiro.
Estrutura Qph Outro termo para entanglement, conexão entre estados quânticos.
Eterodino quântico Qph Tipo de detetor de sinais quânticos.
Etnopsicologia Psi Estudo dos fundamentos psíquicos em diferentes culturas.
Eu Psi Parte central e consciente da personalidade.
Evolução temporal Qph Mudança do estado quântico ao longo do tempo.
Exclusão Psi Mecanismo psíquico de remoção de conteúdos indesejáveis.
Exclusão de Pauli Qph Do princípio segundo o qual dois férmions não podem ocupar o mesmo estado quântico.
Experiência mental Qph Raciocínio hipotético para explorar conceitos quânticos.
Exploração onírica Psi Análise dos sonhos como forma de autoconhecimento.
Explosão quântica Qph Fenómeno de crescimento rápido de amplitudes num sistema quântico.
Exposição Qph Quantidade de radiação recebida por uma amostra.
Extroversão Psi Aptidão para direcionar os interesses para o mundo exterior.
Fase quântica Qph Componente da amplitude de probabilidade ligada à interferência.
Feminino Psi Aspectos receptivos, intuitivos e maternos do arquétipo psíquico.
Fermione Qph Partícula com spin semi-inteiro, sujeita ao princípio de exclusão de Pauli.
Ferromagnetismo quântico Qph Magnetismo devido aos efeitos quânticos do spin.
Fixação Psi Estabilização de um conteúdo psíquico, frequentemente utilizado na alquimia.
Flash gama Qph Emissão breve e potente de raios gama, frequentemente interpretada com modelos quânticos.
Flutuação quântica Qph Variação temporária de energia no vácuo quântico.

Formação simbólica Psi Processo de criação de imagens interiores significativas.
Formalismo matemático Qph Conjunto de técnicas matemáticas utilizadas na física quântica.
Fotão Qph Quanta de luz, partícula mediadora da interação eletromagnética.
Fotoelétron Qph Electrão emitido pelo efeito fotoeléctrico.
Função de distribuição Qph Função que indica a probabilidade de ocupação dos estados energéticos.
Função de onda Qph Função matemática que descreve o estado quântico de uma partícula.
Função de partição Qph Soma estatística dos estados disponíveis num sistema.
Função inferior Psi Aspecto psíquico mais distante da consciência dominante.
Função superior Psi Função psíquica mais desenvolvida no Eu.
Funções da consciência Psi Conjunto de percepção, intuição, pensamento e sentimento.
Gap energético Qph Diferença de energia entre dois níveis quânticos.
Gás de Bose Qph Conjunto de bosões que obedecem à estatística de Bose-Einstein.
Gás de Fermi Qph Conjunto de férmions que obedecem à estatística de Fermi-Dirac.
Graal Psi Símbolo da busca espiritual pela completude.
Grau de liberdade Qph Variável independente que descreve o estado de um sistema físico.
Gravitão Qph Partícula teórica mediadora da força gravitacional.
Hamiltoniana Qph Operador que representa a energia total de um sistema.
Heisenberg, princípio de Qph Limite fundamental à precisão com que se podem medir grandezas conjugadas, como posição e quantidade de movimento.
Hermetismo Psi Tradição filosófica simbólica semelhante à psicologia junguiana.
Horizonte simbólico Psi Limite ideal de exploração dos significados.
Identidade quântica Qph Impossibilidade de distinguir partículas idênticas.
Imaginação ativa Psi Técnica junguiana de diálogo com o inconsciente através de imagens.
Imago Psi Imagem interior idealizada, frequentemente da mãe ou do pai.
Indeterminação Qph Impossibilidade de conhecer simultaneamente certos pares de grandezas.
Individuação Psi Processo de realização da própria totalidade psíquica.
Indivisibilidade Psi Singularidade da relação entre psique e matéria.

Inflação Psi Estado em que o Eu se identifica excessivamente com o inconsciente.
Infração da simetria Qph Quebra espontânea ou forçada de uma simetria física.
Inibição Psi Bloqueio de uma função psíquica devido a conflitos inconscientes.
Iniciação Psi Passagem para níveis profundos de autoconhecimento.
Insight Psi Compreensão repentina de um problema interior.
Integração Psi União dos opostos psíquicos e recuperação do equilíbrio.
Interação Qph Qualquer processo entre partículas ou campos.
Interação eletromagnética Qph Força entre partículas carregadas, mediada por fotões.
Interação forte Qph Força que mantém juntos os protões e os neutrões.
Interação fraca Qph Uma das quatro forças fundamentais, responsável pela decomposição beta.
Interação gravitacional Qph Força de atração entre massas, mediada pelo hipotético gravitão.
Interferência quântica Qph Sobreposição de amplitudes de probabilidade que produz padrões de interferência.
Interpretação Psi Atribuição de significado a símbolos e sonhos.
Intuição Psi Forma de conhecimento direto do inconsciente.
Inveja arquetípica Psi Tendência a desejar símbolos ou qualidades vistos no outro.
Ionização Qph Processo de remoção de um ou mais elétrons de um átomo ou molécula.
Lealdade arquetípica Psi Fidelidade a estruturas simbólicas profundas.
Leptão Qph Partícula elementar que não sofre a força forte.
Libido Psi Energia vital que direciona a psique para objetivos específicos.
Limiar Psi Ponto de passagem entre a consciência e o inconsciente.
Luz quantizada Qph Descrição da luz em termos de fotões.
Magnetismo quântico Qph Fenómenos magnéticos que têm origem na mecânica quântica.
Mandala Psi Figura simbólica que representa a totalidade e o Eu.
Máscara Psi Personificação social, máscara do Eu.
Masculino Psi Aspectos ativos, racionais e assertivos do arquétipo psíquico.
Matriz de densidade Qph Matriz que descreve o estado estatístico de um sistema quântico.
Matriz de Pauli Qph Matrizes 2x2 que representam os operadores de spin ½.
Mecânica estatística Qph Estudo das probabilidades dos microestados e suas relações com quantidades macroscópicas.

Mecânica quântica Qph Teoria física que descreve os fenómenos à escala atómica e subatómica.
Mediador Qph Partícula que transporta uma força fundamental.
Medida quântica Qph Procedimento experimental para determinar o estado de um sistema quântico.
Memória coletiva Psi Memórias partilhadas ao nível do inconsciente coletivo.
Mensageiro interior Psi Motivo arquetípico que traz novas consciências.
Metamorfose Psi Transformação de uma estrutura psíquica.
Mito Psi Narração simbólica que expressa verdades psíquicas universais.
Momento angular Qph Quantidade física associada à rotação, quantizada nos átomos.
Momento magnético Qph Quantidade que representa a interação magnética de uma partícula carregada.
Não localidade Qph Propriedade dos estados entrelaçados de apresentar correlações à distância.
Negredo Psi Fase alquímica de putrefação e dissolução.
Neutrino Qph Partícula neutra, muito leve e difícil de detectar.
Nêutrons Qph Partículas neutras presentes no núcleo atómico.
Nível energético Qph Valor quantizado da energia acessível a uma partícula.
Nó Qph Ponto em que a função de onda se anula.
Número de ocupação Qph Quantidade de partículas que ocupam um determinado estado quântico.
Número quântico Qph Conjunto de características que identificam um estado quântico.
Numinoso Psi Experiência de mistério ou sacralidade que transcende o racional.
Objeto quântico Qph Sistemas físicos descritos por leis quânticas.
Onírico Psi Relativo ao mundo dos sonhos e do inconsciente.
Operadores Qph Entidades matemáticas que atuam nos estados quânticos.
Operadores de criação e aniquilação Qph Operadores que adicionam ou removem quanta de um sistema.
Oposto Psi Polaridades fundamentais da vida psíquica.
Oscilação de neutrino Qph Mudança do tipo de neutrino durante o seu movimento.
Oscilador quântico Qph Modelo elementar de partícula num potencial harmónico.
Ouroboros Psi Símbolo do ciclo eterno e da regeneração.
Participação mística Psi Experiência de unidade com o todo, muitas vezes inconsciente.
Pauli, princípio de exclusão Qph Ver exclusão de Pauli, fundamental nos estudos de Wolfgang Pauli.
Perturbação Qph Aproximação que considera pequenos efeitos num sistema conhecido.

Peso probabilístico Qph Fator que determina a probabilidade de um estado quântico num conjunto.
Pessoa Psi Máscara social que medeia entre o Eu e o mundo exterior.
Ponte de Einstein-Rosen Qph Hipótese de «wormhole» ou ponte espaço-temporal, relacionada com as propriedades quânticas do vazio.
Posição Qph Grandeza observável que indica onde se encontra uma partícula.
Potencialização simbólica Psi Ativação de novos recursos psíquicos através de símbolos.
Primado do inconsciente Psi Domínio do inconsciente sobre a vida consciente.
Princípio da oposição Psi Dinâmica constitutiva entre elementos opostos na psique.
Probabilidade quântica Qph Descrição estatística dos resultados possíveis de uma medida.
Processamento dos sonhos Psi Técnica de interpretação das mensagens oníricas.
Processo de translação Psi Deslocamento de conteúdos psíquicos entre diferentes níveis.
Projeção Psi Atribuição externa de conteúdos inconscientes próprios.
Projeção do spin Qph Componente do spin ao longo de uma direção selecionada.
Protão Qph Partícula carregada positivamente presente no núcleo.
Psicanálise Psi Estudo dos processos inconscientes segundo as técnicas de análise.
Psicoide Psi Nível profundo da realidade onde o psíquico e o físico se entrelaçam.
Psique Psi Conjunto das funções mentais conscientes e inconscientes.
Puer aeternus Psi Arquétipo da criança eterna, símbolo de potencialidade e riscos.
Quantização Qph Subdivisão de algumas grandezas em valores discretos.
Quark Qph Partícula constituinte dos protões e neutrões.
Quaternidade Psi Símbolo da totalidade baseada em quatro elementos.
Qubit Qph Unidade básica da informação quântica.
Quirone Psi Símbolo do arquétipo do curandeiro ferido.
Radiação de corpo negro Qph Emissão eletromagnética de um objeto ideal que absorve toda a radiação.
Radiação de Hawking Qph Emissão quântica de buracos negros prevista por Stephen Hawking.
Radiação de Planck Qph Distribuição quântica da energia emitida por um corpo negro.

Raio de ação Qph Distância máxima em que uma força fundamental atua.
Realização do Eu Psi Realização da totalidade interior do indivíduo.
Redenção Psi Recuperação de partes perdidas ou removidas da psique.
Regressão Psi Retorno a estágios psicológicos anteriores ou infantis.
Relação de indeterminação Qph Ver princípio de Heisenberg, limite à medição precisa de grandezas conjugadas.
Renovação do estado quântico Qph Modificação do estado quântico após medição ou interação.
Representação simbólica Psi Manifestação de temas arquetípicos em imagens ou histórias.
Resistência Psi Força inconsciente que impede a tomada de consciência.
Ressonância arquetípica Psi Ativação de estruturas simbólicas partilhadas.
Ressonância magnética quântica Qph Técnica que explora as propriedades quânticas dos spins nucleares.
Retirada do Eu Psi Desaparecimento temporário da consciência em benefício do inconsciente.
Revelação Psi Manifestação repentina de conteúdos inconscientes.
Ritual Psi Ato simbólico que estrutura a experiência psíquica.
Rubedo Psi Fase alquímica de realização e completude.
Sagrado Psi Dimensão numinosa e misteriosa da psique.
Scattering Qph Colisão ou difusão entre partículas.
Sé Psi Centro regulador da totalidade psíquica.
Sexualidade simbólica Psi Expressão de dados psíquicos profundos através da sexualidade.
Significado simbólico Psi Valor que transcende a simples realidade material.
Simetria Qph Propriedade de um sistema que permanece inalterada sob certas transformações.
Simetria de calibre Qph Tipo de simetria ligada às interações fundamentais.
Sincronicidade Psi Coincidência significativa entre eventos internos e externos.
Singulettão Qph Estado quântico simétrico para bosões, antissimétrico para férmions.
Sistemas acoplados Qph Sistemas conectados por interações quânticas.
Sobreposição Qph Estado quântico combinatório resultante da soma de dois ou mais estados possíveis.
Sombra Psi Parte inconsciente e rejeitada da personalidade.
Sonho Psi Manifestação onírica de conteúdos inconscientes.
Sonho lúcido Psi Consciência ativa nos sonhos.

Spin Qph Quantidade intrínseca do momento angular das partículas quânticas.
Spinore Qph Entidade matemática que representa as propriedades de rotação das partículas de spin ½.
Sublimação Psi Transformação da energia psíquica para fins elevados.
Supercondutividade Qph Estado em que um material conduz eletricidade sem resistência.
Superposição quântica Qph Combinação linear de vários estados quânticos simultâneos.
Supersimetria Qph Hipótese teórica que associa a cada bóson um férmion e vice-versa.
Symbolon Psi Objeto ou imagem com dupla valência, frequentemente ligada à identidade.
Teletransporte quântico Qph Processo de transferência de um estado quântico à distância graças ao entrelaçamento.
Tempo de decoerência Qph Tempo característico da perda de coerência quântica.
Tensão dos opostos Psi Dinâmica psíquica generativa baseada na polaridade.
Teorema da não clonagem Qph Princípio que proíbe a cópia perfeita de um estado quântico.
Teorema de Bell Qph Resultado que demonstra a incompatibilidade da mecânica quântica com o realismo local.
Tipos psicológicos Psi Distinções entre funções predominantes do pensamento, sentimento, intuição e percepção.
Totalidade Psi Estado de integração e completude da psique.
Transcendência Psi Superação dos limites comuns da consciência.
Transferência Psi Deslocamento de emoções inconscientes para outra pessoa.
Transformação Psi Processo central no crescimento individual, segundo Jung.
Transformação unitária Qph Operação que preserva a norma da função de onda no espaço de Hilbert.
Unio mystica Psi União espiritual com a totalidade, frequentemente simbólica.
Valor esperado Qph Média dos resultados possíveis de uma medida quântica.
Valor próprio Qph Resultado possível da medição de um observável.
Vas hermeticum Psi Símbolo alquímico do recipiente dos opostos psíquicos.
Vazio quântico Qph Estado de energia mínima, mas com flutuações de energia zero.
Velocidade de propagação Qph Rapidez com que uma informação quântica se move num sistema.
Vida simbólica Psi Existência guiada pela busca de sentido além do material.
Vocação interior Psi Chamada da psique para um destino pessoal.

Zitterbewegung Qph Oscilação rápida de uma partícula relativística descrita pela equação de Dirac.
Zona de proibição Qph Intervalo energético inacessível a uma partícula num sólido.

Bibliografia especializada.

Achterhuis Hans	Filosofia della scienza moderna - Il Mulino, 1988
Allemann Beda	Pauli und die Philosophie – Verlag der Buchhandlung, 1985
Archetti Edoardo	Sincronicità e causalità - Franco Angeli, 2007
Arciero Giancarlo	La sincronicità tra fisica e psicologia: Jung, Pauli e il nuovo paradigma – Apogeo, 2012
Atmanspacher Harald	Quantum Approaches to Consciousness – Stanford Encyclopedia of Philosophy, 2019
Atmanspacher Harald	The Pauli–Jung Conjecture and Its Relatives - Journal of Consciousness Studies, 2009
Atmanspacher Harald	Dual-Aspect Monism: A Science of Consciousness – Imprint Academic, 2013
Atmanspacher Harald	Synchronicity: An Acausal Connecting Principle - Open Access eBook, 2018
Atmanspacher Harald, Primas Hans	Pauli's ideas on mind and matter in the context of contemporary science – J. of Consciousness Studies, 2006
Basso Pier Luigi	Jung e Pauli: Alle radici della sincronicità – Mimesis, 2019
Bernet Rudolf	Revisiting the Jung-Pauli dialogue on Synchronicity – Philosophy Today, 2006
Bishop Paul	Reading Jung: Science, Archetypes, and the Symbolic Imagination – Routledge, 2020
Blakeley Donald	Jung's Forgotten Dialogue with Pauli – Journal of Analytical Psychology, 2004
Bollingen Foundation	The Interpretation of Nature and the Psyche – Pantheon Books, 1954
Boncinelli Edoardo	Fisica, cervello e universo – Raffaello Cortina, 2012
Boncompagni Ludovico	Pauli, Jung e la sincronicità – Edizioni Medusa, 2015
Borghi Luigi	La psiche e la materia. Jung e la scienza del Novecento – Bollati Boringhieri, 2021
Cambray Joseph	Synchronicity: Nature and Psyche in an Interconnected Universe – Texas A\&M University Press, 2009

Cardena Etzel (ed.)	Beyond Physicalism: Toward Reconciliation of Science and Spirituality – Rowman & Littlefield, 2015
Carlucci Antonella	Jung e la scienza. Psiche, materia e sincronicità – Edizioni Dedalo, 1999
Carotenuto Aldo	Il gioco delle passioni: Jung e Pauli tra scienza e psiche – Mondadori, 2001
Catucci Michele	Sincronicità: Jung, Pauli e il problema dei rapporti tra fisica e psicologia – Mediterranee, 2016
Clarke John J.	Jung and Eastern Thought – Routledge, 1994
Clarke Steve	Synchronicity and Diachronicity: Jung, Pauli and the Flow of Time – Routledge, 2017
Colonnello Valentina	Materia e Psiche: Sulla collaborazione Jung-Pauli – Franco Angeli, 2021
Compagno Antonino	Jung e la fisica – Armando Editore, 2018
Conforti Michael	Field, Form and Fate: Patterns in Mind, Nature & Psyche – Spring Publications, 1999
Conforti Michael	Threshold Experiences: The Archetype of Beginnings – Chiron Publications, 2007
Corrao Roberto	Sincronicità: La visione condivisa tra psiche e scienza – Mimesis, 2015
Costantini Marco	L'ombra dello psicologo dentro il laboratorio del fisico – Mimesis, 2020
Croatto Severino	Jung, la sincronicità e Pauli – Quaderni di Psicoanalisi, 2010
De Felice Fernanda	La sincronicità dopo Jung e Pauli – Alpes Italia, 2015
De Paoli Giovanni	Che cos'è la sincronicità – Carocci, 2013
Dieckmann Hans	Jung's View of Synchronicity and Pauli's Problems of Observation – Chiron, 2002
Di Francesco Massimo	Jung e la sincronicità: Il dialogo con la fisica – Castelvecchi, 2010
Di Renzo Francesco	Oltre il caso. Sincronicità e scienze della complessità – Franco Angeli, 2013
Eckardt Marianne	Synchronicity: The Bridge between Matter and Mind – Spring Journal, 2004
Eliade Mircea	Occultism, Witchcraft, and Cultural Fashions – University of Chicago Press, 1976
Enz Charles	No Time to be Brief: A Scientific Biography of Wolfgang Pauli – Oxford University Press, 2002
Fabbri Antonio	Fisica o inconscio? Jung, Pauli e il mondo dei quanti – Raffaello Cortina, 2015
Fabbro Leonardo	La fisica dell'anima: Jung, Pauli e il mistero della sincronicità – Edizioni Riza, 2014
Fadiman Anne,	The Nature of the Physical World and the Psyche – Pantheon, 1955

Fadiman Clifton	
Ferrer Jorge N.	Participation and the Mystery: Transpersonal Essays in Psychology, Education, and Religion – SUNY, 2017
Ficara Franco	Il concetto di psicoide nella collaborazione tra Jung e Pauli – Edizioni Medusa, 2022
Fiorentini Erio	Osservando l'Invisibile: Jung, Pauli e la sincronicità – Einaudi, 2020
Fleming James	The Quantum Connection – Praeger, 2001
Frattaroli Elio	Healing the Soul in the Age of the Brain – Viking, 2001
Friedman Harris	Transcultural Dialogues: Jung and Pauli – International Journal of Transpersonal Studies, 2018
Frisch Otto	The Pauli Principle – Physics Today, 1979
Gallo Mario	Psiche, materia, sincronicità – Mimesis, 2015
Gianfranco Bertagni	Sincronicità, causalità, autotrascendimento – Castelvecchi, 2011
Giovannini Alberto	Dalla fisica quantistica alla psiche – Il Saggiatore, 2003
Giulini Domenico	Jung, Pauli e la coscienza quantica – Raffaello Cortina, 2020
Goertzel Ben, Goertzel Ted	Chaotic Logic: Synchronicity, Myth, and Mind – Plenum Press, 1997
Gribbin John	In Search of Schrödinger's Cat: Quantum Physics and Reality – Bantam Books, 1984
Hannah Barbara	Jung, His Life and Work: A Biographical Memoir – Putnam, 1976
Heisenberg Werner	Physics and Philosophy – Harper, 1958
Hopcke Robert H.	There Are No Accidents: Synchronicity and the Stories of Our Lives – Riverhead Books, 1997
Huskinson Lucy	Dreaming the Myth Onwards: New Directions in Jungian Therapy and Thought – Routledge, 2008
Jaffé Aniela	From the Life and Work of C.G. Jung – Harper, 1971
Jung Carl Gustav	Synchronicity: An Acausal Connecting Principle – Princeton University Press, 1973
Jung Carl Gustav	Il matrimonio tra psiche e materia – Bollati Boringhieri, 2020
Jung Carl Gustav	Psicologia e Alchimia – Bollati Boringhieri, 1952
Jung Carl Gustav, Pauli Wolfgang	L'interpretazione della natura e della psiche – Bollati Boringhieri, 1952
Jung Carl Gustav, Pauli Wolfgang	Atom and Archetype: The Pauli/Jung Letters, 1932-1958 – Princeton University Press, 2001

Jung Carl Gustav, Pauli Wolfgang	La realtà dell'anima: Lettere 1932-1958 – Moretti & Vitali, 2019
Kuhn Thomas S.	The Structure of Scientific Revolutions – University of Chicago Press, 1962
Küenzi Heinz	Le lettere di Jung e Pauli: introduzione all'epistolario – Bollati Boringhieri, 2002
Laurikainen Kalervo V.	Beyond the Atom: The Philosophical Thought of Wolfgang Pauli – Springer, 1988
Laurikainen Kalervo V.	The Philosophy of Wolfgang Pauli – Springer, 1989
Laurikainen Kalervo V.	Wissenschaft und Schönheit: Wolfgang Paulis Philosophie – Vieweg, 2000
Lévy-Bruhl Lucien	La mentalità primitiva – Laterza, 1922
Long Christopher	Synchronicity, Quantum Mechanics and Psyche – Chiron, 2017
Lorenz Edward	The Essence of Chaos – University of Washington Press, 1993
Main Roderick	Jung on Synchronicity and the Paranormal – Princeton University Press, 1997
Main Roderick	The Rupture of Time: Synchronicity and Jung's Critique of Modern Western Culture – Routledge, 2004
Marcher Silvia	Jung e Pauli: Viaggio tra fisica e psiche – Edizioni Dedalo, 2021
Mason Paul	Quantum Connections: Synchronicity and the Interconnected Universe – Chiron, 2005
Matthews Clifford	The Synchronicity Principle – Rider, 2000
Meier Carl Alfred	Jung and the Interpretation of the Psyche – Chiron, 1995
Meier Carl Alfred	Lettere tra Jung e Pauli: Un incontro di mondi – Bollati Boringhieri, 1999
Meier Carl Alfred (ed.)	Atom and Archetype: The Pauli/Jung Letters, 1932–1958 – Princeton, 2001
Michell John	Synchronicity: Science, Myth, and the Trickster – Thames & Hudson, 1997
Mills Jon, Slobodin Megan (eds.)	Jung and Philosophy – Routledge, 2021
Monod Jacques	Il caso e la necessità – Mondadori, 1970
Müller Ursula E.	Wolfgang Pauli: Science, Philosophy, and the Quantization of Physics – Cambridge University Press, 2014
Nagy Michael	Philosophical Issues in the Pauli-Jung Dialogue – Chiron, 2006

Nanni Gianluca	Jung, Pauli e il senso del mondo – Edizioni Medusa, 2018
Nicolaus Frieda	Synchronicity and Quantum Entanglement – Springer, 2009
Odajnyk V. Walter	Jung and Politics: The Political and Social Ideas of C.G. Jung – Harper & Row, 1976
Pagliai Lidia	Da Pauli a Jung: Il percorso della sincronicità – Alpes Italia, 2018
Petruccioli Sandro	La rivoluzione quantistica – Laterza, 2002
Pinotti Roberto	Oltre la materia: Sincronicità, fisica e psiche – Edizioni Mediterranee, 2015
Primas Hans	Dual-Aspect Monism – Routledge, 2004
Primas Hans	Jung and Pauli: A Quantum Dialogue – Annals of Science, 2009
Proietti Giulia	Jung e Pauli: Archetipi, simboli, causalità – Franco Angeli, 2014
Rossi Paolo	La nascita della scienza moderna in Europa – Laterza, 2002
Samuels Andrew	Jung e le scienze della mente – Raffaello Cortina, 2017
Schlanger Judith	L'invenzione scientifica e la tradizione del senso – Einaudi, 2000
Scholz Erhard	Pauli, Jung and the Roots of Interconnections – Birkhäuser, 2010
Shamdasani Sonu	Jung and Gauss, Jung and Pauli: The Shapes of Science – Routledge, 2016
Shamdasani Sonu	Jung Stripped Bare by His Biographers, Even – Karnac, 2005
Spence Lewis	The Occult in Modern Times – Dover, 2006
Spiller Paul	The Synchronicity Principle: Jung, Pauli and the Limits of Science – Self-published, 2020
Stein Murray	Jung's Map of the Soul – Open Court, 1998
Tarnas Richard	Cosmos and Psyche – Viking, 2006
Tedeschi Alberico	Sincronicità: Dal pensiero di Jung all'epoca della complessità – Laterza, 2018
Todeschini Mario	Gli enigmi della psiche: Jung e Pauli fra fisica e simbolo – Mimesis, 2022
Ulanov Ann Belford	The Healing Imagination in Jungian Psychology – Spring Publications, 1999
Van der Post Laurens	Jung and the Story of Our Time – Pantheon Books, 1976
Von Franz Marie-Louise	Alchimia – Bollati Boringhieri, 1986

Von Franz Marie-Louise	Number and Time: Reflections Leading Toward a Unification of Psychology and Physics – Northwestern University Press, 1974
Von Franz Marie-Louise	La sincronicità nella visione di Jung – Boringhieri, 1982
Westbrook David	Pauli and Jung: The Meeting of Science and Soul – Imprint Academic, 2018
Wilber Ken	Quantum Questions: Mystical Writings of the World's Great Physicists – Shambhala, 2001
Wolf Fred Alan	The Spiritual Universe: How Quantum Physics Proves the Existence of the Soul – Simon & Schuster, 1996
Wyss Ulrich	Synchronicity and Quantum Physics – Annals of the History of Computing, 2009
Zambianchi Andrea	Psiche e Sincronicità – Di Renzo Editore, 2017
Zolla Elémire	Uscite dal mondo – Adelphi, 1992

Artigos científicos, ensaios e contribuições académicas .

Achterhuis Hans	Revisiting the Pauli-Jung Conjecture - Journal of Analytical Psychology, vol. 46, 2001
Allemann Beda	Pauli und Jung: Eine Fallstudie zur interdisziplinären Kommunikation - Zeitschrift für Schweizerische Archäologie und Kunstgeschichte, 2002
Atmanspacher Harald	Complementarity and Causality in the Pauli–Jung Dialogue - Foundations of Physics, vol. 40, 2010
Atmanspacher Harald	Dual-Aspect Monism à la Pauli and Jung - Journal of Consciousness Studies, vol. 16, 2009
Atmanspacher Harald	Pauli's ideas on mind and matter in the context of contemporary science - Journal of Consciousness Studies, vol. 13, 2006
Atmanspacher Harald, Fuchs H.	The Pauli–Jung Conjecture and Its Relevance for Neuroscience - Open Psychology Journal, 2014
Atmanspacher Harald, Primas Hans	The Hidden Side of Wolfgang Pauli: An Archetype of the Observer - Foundations of Science, vol. 20, 2015
Atmanspacher Harald, Primas Hans	The Pauli-Jung conjecture: Pathos and Parsimony - Mind and Matter, vol. 6, 2008
Atmanspacher Harald, Römer Hartmann	Order and Chance in Physics and Psychology: Jung, Pauli, and the Acausal - Mind and Matter, vol. 7, 2009
Barbieri Claudia	Sincronicità e scienza: Rileggendo Pauli e Jung oggi - Rivista di Psicologia Analitica, 2018
Bernet Rudolf	Mind-Matter Interactions and the Pauli-Jung Correspondence - Philosophy Today, vol. 50, 2006
Bischof Marco	Jung's concept of the psychoid and contemporary physics - Journal of Analytical Psychology, vol. 42, 1997
Bishop Paul	Jung's Dialogue with Pauli: Science, Symbolism and the Unconscious - International Journal of Jungian Studies, vol. 3, 2012
Bishop Paul	Synchronicity and Causality in the Pauli-Jung Letters - Journal of Analytical Psychology, vol. 57, 2012
Blakeley Donald	Quantum Physics and Jung's Theory of Synchronicity - Journal of Analytical Psychology, vol. 37, 1992

Borghi Luigi	Il concetto di psicoide nella collaborazione Pauli-Jung - Rivista di Psicologia Analitica, vol. 91, 2015
Bowie Andrew	Archetype and Atom: Pauli, Jung, and the Structure of the World - Annals of Science, vol. 73, 2016
Cambray Joseph	Synchronicity and Emergence - Journal of Analytical Psychology, vol. 47, 2002
Cambray Joseph	The Pauli–Jung Conjecture and its Implications for Modernity - International Journal of Jungian Studies, vol. 7, 2015
Carotenuto Aldo	Sincronicità e scienza: la collaborazione Jung-Pauli - Quaderni di Psicologia Analitica, 1999
Carlucci Antonella	Jung, Pauli e la psicoidità della materia - Rivista di Psicoterapia Analitica, vol. 26, 2008
Clarke Steve	Pauli, Jung and the Quantum World - Studies in History and Philosophy of Science, vol. 47, 2014
Clarke Steve	Synchronicity, Science and Archetype: Pauli and Jung in Dialogue - Philosophy of Science, vol. 76, 2009
Colonnello Valentina	L'inconscio e il campo quantico: dal dialogo Jung-Pauli alla neuroscienza - Psicologia Dinamica, 2019
Compagno Antonino	Jung e Pauli: Il dialogo su causalità e sincronicità - Psicologia Contemporanea, vol. 6, 2015
Corrao Roberto	Jung, Pauli e sincronicità tra scienza e mito - Quaderni di Psicoanalisi, vol. 40, 2016
Costantini Marco	Problemi attuali nella corrispondenza Jung-Pauli - Psiche, 2013
De Felice Fernanda	Dallo psicoide alla sincronicità: Jung e Pauli - Archivio di Psicologia Neurologia e Psichiatria, vol. 77, 2016
De Paoli Giovanni	Sincronicità e meccanica quantistica dal punto di vista Pauli-Jung - Rivista di Filosofia, 2017
Dieckmann Hans	Psychoid and Synchronicity: The Pauli–Jung Dialogue - Journal of Analytical Psychology, vol. 43, 1998
Di Francesco Massimo	Sincronicità e relazione fra psiche e materia nel dialogo Jung-Pauli - Rivista di Filosofia, 2011
Di Renzo Francesco	L'epistemologia della sincronicità nel pensiero di Jung e Pauli - Giornale di Psicologia, 2012
Enz Charles	Pauli's Early Stage: Physics, Philosophy and Jung - Foundations of Physics, 2003
Fabbri Antonio	Aspetti archetipici nel carteggio Jung-Pauli - Rivista di Psicoterapia Analitica, 2015
Ficara Franco	Le basi "platoniche" della sincronicità: Jung e Pauli a confronto - Giornale Critico di Storia delle Idee, 2020
Fiorentini Erio	Jung e Pauli: Modelli di relazione tra psiche e materia - Rassegna di Psicologia Analitica, 2010
Friedman Harris	Jung, Pauli, and Synchronicity: An Interdisciplinary Perspective - Interdisciplinary Science Reviews, vol. 44, 2019

Fuchs Hans	Pauli, Jung, and the Mind-Body Problem - International Journal of Jungian Studies, 2011
Garmer Karin	Jung, Pauli, e la natura della realtà simbolica - Rivista di Psicologia, 2014
Gennaro Alfio	Archetipi e sincronicità secondo Jung e Pauli - Quaderni di Psicoterapia, vol. 13, 2017
Gennaro Alfio	Pauli, Jung e il dibattito sulla causalità - Psicoanalisi. Rivista di Studi, 2018
Germinario Marco	Sincronicità e quantistica: Jung, Pauli e la nuova scienza - Rivista di Filosofia, vol. 96, 2012
Giulini Domenico	Jung, Pauli e il simbolismo nella scienza - Nuova Rivista di Psicologia, 2009
Goertzel Ben	Synchronicity and its Quantum Foundations: Pauli-Jung Revisited - Journal of Consciousness Studies, vol. 9, 2002
Harris Stuart	From Pauli's Exclusion Principle to Jung's Synchronicity - Journal of Analytical Psychology, vol. 55, 2010
Heuer Gottfried	The Pauli–Jung Collaboration: The Search for Shared Meaning - International Journal of Jungian Studies, vol. 2, 2010
Heuer Gottfried	Synchronicity and Psychiatry: The Influence of Pauli on Jung - History of Psychiatry, 2011
Huskinson Lucy	The Creative Symbolism of the Jung-Pauli Correspondence - International Journal of Jungian Studies, vol. 8, 2016
Jaffé Aniela	Correspondence between Jung and Pauli and the Problem of Dualism - Journal of Analytical Psychology, 1962
Jung Carl Gustav	Synchronicity as an acausal connecting principle - Nature, vol. 164, 1954
Jung Carl Gustav, Pauli Wolfgang	The Interpretation of Nature and the Psyche: Commentary - Dialectica, 1952
Kalinin Vladimir	The Jung-Pauli Dream Problem: Archetypes in Science - Psychological Perspectives, 2000
Küenzi Heinz	The Numinous in the Pauli-Jung Letters - Journal of Religion and Health, 2009
Lammer Ezio	Pauli e Jung: verso la psicoidità - Psicologia Profonda, 2007
Laurikainen Kalervo V.	Pauli, Jung and the Structure of Reality - Foundations of Physics, 1989
Long Christopher	Synchronicity and the Jung-Pauli Correspondence - Mind and Matter, vol. 12, 2014
Main Roderick	Jung, Pauli, and the Ground of Being - Harvest: Journal for Jungian Studies, 2012
Main Roderick	Jung, Pauli and Synchronicity: A New Perspective - Journal of Analytical Psychology, vol. 53, 2008

Meier Carl Alfred	The Jung-Pauli Letters: Archetypes and the Genesis of Synchronicity - Journal of Analytical Psychology, 1991
Mignosi Guido	Sincronicità e archetipo: riflessione sul carteggio Jung-Pauli - Giornale di Psicologia, 2007
Müller Ursula E.	Mind-Matter Duality: The Pauli–Jung Model Revisited - NeuroQuantology, vol. 9, 2011
Nanni Gianluca	La sincronicità tra Jung e Pauli e la fisica contemporanea - Rivista di Filosofia, vol. 84, 2014
Nanni Gianluca	Jung e Pauli: Note su psicoide e sincronicità - Quaderni di Psicologia, 2017
Nicolaus Frieda	Entanglement and Synchronicity: The Pauli–Jung Dialogue - Studies in History and Philosophy of Science, 2012
Pagliai Lidia	Dal principio di esclusione alla sincronicità: Pauli e Jung - Rassegna di Psicoanalisi, 2016
Parlani Edoardo	La sincronicità e il modello psicoide: riflessioni dal carteggio Jung-Pauli - Archivio di Psicologia, 2015
Petruccioli Sandro	Pauli, Jung e l'interdisciplinarità nella scienza moderna - Giornale Critico di Storia della Scienza, 2009
Pinotti Roberto	Archetipi e sincronicità nella visione Pauli-Jung - Rivista di Psicologia Analitica, vol. 23, 2011
Primas Hans	The Pauli–Jung Conjecture: An Interdisciplinary Proposal - Foundations of Physics, vol. 12, 2006
Proietti Giulia	Psiche, materia e sincronicità: Il dialogo Jung-Pauli - Quaderni di Psicologia Analitica, 2015
Rogers Eric	Pauli's Archetypes and Jung's Synchronicity - Nature, vol. 220, 1968
Roth Gerhard	Neuroscience, Synchronicity and the Pauli–Jung Model - Neurology and Psychiatry, 2015
Roudinesco Elisabeth	Jung et Pauli: Un dialogue sur l'inconscient - Revue de Psychologie Analytique, 2006
Scholz Erhard	Pauli, Jung, and the Cognitive Roots of Interconnections - Perspectives on Science, vol. 15, 2007
Shamdasani Sonu	Pauli and Jung: Dream Analysis and the Symbolic - Journal of Analytical Psychology, vol. 46, 2010
Shamdasani Sonu	The Psychophysical Problem in the Pauli–Jung Correspondence - History of Psychiatry, vol. 24, 2013
Silverman Eric	On the Relationship of Synchronicity to Physics: Jung, Pauli, and the Reemergence of Magic - Journal of Analytical Psychology, 2011
Spiller Paul	The Jung–Pauli Synchronicity Principle in Light of Quantum Physics - Mind and Matter, vol. 8, 2010
Tedeschi Alberico	Sincronicità e limiti della scienza: nuove riflessioni su Pauli e Jung - Filosofia e Scienza, vol. 33, 2015
Todeschini Mario	Le conversazioni Jung-Pauli: Un'eredità per la scienza contemporanea - Psicologia e Scienza, 2018

Vallauri Emiliano	Dialogo sull'invisibile: Scienziati e analisti a confronto - Rivista di Psicologia Analitica, 2019
Van der Post Laurens	Pauli, Jung and the Modern Psyche - Journal of Analytical Psychology, 1977
Von Franz Marie-Louise	The Interpretation of Synchronicity in the Jung–Pauli Letters - Journal of Analytical Psychology, vol. 39, 1994
Von Franz Marie-Louise	Pauli's World Clock: A Study in the Jung-Pauli Letters - Spring, vol. 56, 1994
Wehr Gerhard	Synchronicity, Archetype and the Unconscious: Jung and Pauli - Zeitschrift für Analytische Psychologie, 2008
Westbrook David	Jung, Pauli, and the End of Causality - Mind and Matter, vol. 4, 2013
Wyss Ulrich	Synchronicity in the Jung–Pauli Dialogue: A Historical Review - Annals of Science, vol. 67, 2010
Zambianchi Andrea	Questioni irrisolte nel dialogo tra Pauli e Jung - Quaderni di Psicoanalisi, 2018
Zucconi Maria Grazia	Riflessi quantistici nelle lettere Jung–Pauli - Rassegna di Filosofia, 2017

Entidades e associações, eventos.

Aqui está uma coleção especializada de entidades, associações, eventos, instituições e periódicos que fazem referência explícita, mesmo contínua, à colaboração entre Carl Jung e Wolfgang Pauli ou que celebram e promovem o diálogo entre a psicologia e a física inaugurado por eles. Também estão incluídos centros de investigação, conferências, publicações e revistas que tratam periodicamente desses temas.

Atmanspacher Harald	Society for Mind-Matter Research – An international interdisciplinary association that promotes research and dialogue on the interaction between mind and matter, with specific conferences and publications on topics related to the Jung-Pauli collaboration.
Beck Friedrich	Eranos Foundation – A renowned Swiss association organizing the annual Eranos Conferences, historically dedicated to fostering interdisciplinary dialogue between science, philosophy, religion, and depth psychology with recurrent themes on the Pauli-Jung partnership.
Bernardini Riccardo	Associazione Italiana per gli Studi Junghiani – The Italian Association for Jungian Studies, which regularly organizes meetings, seminars, and publications that highlight the significance of Jung and Pauli's scientific and philosophical exchange.
Bishop Paul	International Association for Jungian Studies – Hosts international seminars and conferences with panels and workshops dedicated to the ongoing relevance of Jung and Pauli's joint explorations.
Cambray Joseph	Journal of Analytical Psychology – A leading periodical in the Jungian field, publishing peer-reviewed articles and special issues devoted to the intersections between Jung, Pauli, and modern science.
Clarke Steve	American Academy of Religion, section Psychology, Culture, and Religion – Includes dedicated sessions at academic conferences focusing on the spiritual and philosophical implications of the Jung-Pauli dialogue.

Corrao Franco	Centro Italiano di Psicologia Analitica – The Italian Center for Analytical Psychology, which organizes events, conferences, and thematic publications centered on mind-matter relations and synchronicity, often referencing Jung and Pauli.
Cousto Hans	Jung-Pauli Symposium (Zurich and Basel) – A recurring event that brings together scholars, scientists, and clinicians to deepen the collective understanding of the Jung-Pauli collaboration and its modern implications.
de Voogd Peter	Atom and Archetype Circle – An international online circle distributing a newsletter and maintaining discussions directly inspired by the Jung-Pauli correspondence, emphasizing archetypes and the interface of psyche and science.
Enz Charles	Wolfgang Pauli Archive – Housed at ETH Zurich, the Pauli Archive preserves, studies, and exhibits documents, correspondence, and manuscripts, including those related to Pauli's exchanges with Jung.
Ferenczi Sándor	International Society for Science and Religion – An international association that organizes panels and events highlighting the cross-disciplinary impact of Jung and Pauli, especially concerning the boundaries of science, psychology, and spirituality.
Goertzel Ben	Mind and Matter – An academic journal aimed at exploring connections between psychology, physics, and philosophy, which regularly publishes articles examining the Jung-Pauli collaboration and its legacy for current mind-matter research.
Heuer Gottfried	Pauli-Jung Study Group (London) – A specialized study group that holds regular meetings to discuss themes, documents, and continuing questions emerging from the Jung-Pauli collaboration.
Jaffé Aniela	C.G. Jung Institute of Zurich – This prestigious institute for Jungian studies frequently includes the Jung-Pauli correspondence and collaboration as a fundamental theme in its lectures, conferences, and training programs.
Jung Carl Gustav	Verein für Analytische Psychologie (Zurich) – This society organizes a wide range of public lectures, research projects, and conferences, periodically focusing on the collaboration and theoretical advances emerging from Jung's dialogue with Pauli.
Kaehler Walter	Wolfgang Pauli Symposium (Zurich) – A biennial scholarly symposium that celebrates the life and works of Wolfgang Pauli, with particular attention to his correspondence and shared research with Jung.
Klenner Adolf	C.G. Jung Gesellschaft Stuttgart – A prominent Jungian association in Germany which provides workshops and

	seminars, frequently addressing the interplay between physics and psychology as developed by Jung and Pauli.
Laurikainen Kalervo V.	Finnish Society for Natural Philosophy – A society actively promoting symposia and public lectures on natural philosophy, including regular events devoted to the scientific and philosophical implications of the Jung-Pauli collaboration.
Main Roderick	International Association for the Study of Dreams – Organizes annual conventions and symposia featuring presentations on the role of dreams, archetypes, and symbols, often referencing Jung and Pauli's shared insights.
Nanni Gianluca	Rivista di Psicologia Analitica – This Italian journal regularly publishes special issues and conference proceedings devoted to analytical psychology and the historical and contemporary value of the Jung-Pauli correspondence.
Niehaus Rüdiger	Congress for Analytical Psychology (CIPA, triennial international congress) – Includes focused sessions and workshops on synchronicity, psyche, and matter informed by the Jung-Pauli research.
Pfreundschuh Martin	Ink Conference at Eranos – A repeated symposium held at the historic Eranos venue, engaging international scholars in dialogue on mind, matter, synchronicity, and the Jung-Pauli legacy.
Pinotti Roberto	Centro Studi Psiche e Scienza (Rome) – An Italian multidisciplinary center organizing lectures and roundtables on profound connections between psychology, physics, and the enduring relevance of the Pauli-Jung dialogue.
Primas Hans	Mind–Matter Mapping Conference – An international congress specifically dedicated to the interface between consciousness, the physical world, and the principles first articulated by Jung and Pauli.
Roudinesco Elisabeth	Société Jungienne de Paris – The Jungian Society of Paris, which issues seminars and study groups on analytical psychology, often referencing the Jung-Pauli correspondence and its implications for contemporary thought.
Scholz Erhard	Network for the Integration of Psychological and Physical Realities – A European academic network focusing on the synthesis of psychological and physical sciences, including sustained attention to Jung-Pauli ideas.
Shamdasani Sonu	Philemon Foundation – This non-profit supports scholarly research, critical editions, and new publications

	on Jung's unpublished works and his correspondence with Pauli, serving as a global resource.
Spinelli Eugenio	Istituto Italiano per le Scienze Umane – Organizes interdisciplinary workshops and seminars on the ideas of Pauli and Jung, emphasizing their ongoing impact on contemporary humanities and sciences.
Wehr Gerhard	Zentrum für Tiefenpsychologie – An institute promoting an annual program of training and public talks on depth psychology, psyche and matter, often with direct reference to the work of Jung and Pauli.
Wyss Ulrich	Synchronicity Symposium at ETH Zurich – A periodic thematic symposium hosted at ETH Zurich, dedicated entirely to the study of synchronicity, psyche-physics interface, and the "Pauli effect" as discussed by Jung and Pauli.

O autor.

Bruno Del Medico, nascido em 1946 em Sabaudia (Itália), dedicou a sua vida profissional à informática e ao desenvolvimento de software. Posteriormente, dedicou-se ao estudo e à divulgação das teorias científicas mais atuais, como a teoria quântica na sua aceção metafísica. Atualmente, Bruno Del Medico é autor de numerosas obras publicadas pela Edizioni PensareDiverso. O trabalho de Bruno Del Medico distingue-se das narrativas tradicionais no campo das ciências técnicas pelo seu enfoque crítico, independente e não convencional. Em vez de se limitar a interpretações padrão ou ao consenso geral sobre temas puramente científicos, Bruno Del Medico explora perspetivas alternativas que muitas vezes vão contra a corrente, questionando pressupostos comumente aceites. Uma característica peculiar das suas obras é a capacidade de entrelaçar ciência, ética e filosofia num diálogo aberto, que incentiva o leitor a refletir autonomamente e a considerar as implicações mais profundas das inovações tecnológicas e científicas.

entrelaçamento quântico,
consciência quântica metafísica filosofia ciência,
Carl Jung inconsciente coletivo sincronicidade,
Wolfgang Pauli colaboração Jung,
partículas elementares fotões colapso quântico,
quarto excluído diagrama de Jung Pauli,
arquetipos mandalas coincidências acausais

www.ingramcontent.com/pod-product-compliance
Lightning Source LLC
LaVergne TN
LVHW050648051026
849532LV00002B/568